大规模风电并网系统次/超同步振荡的频域模式分析与安全域构建

占 颖 谢小荣 ◎ 著

北京航空航天大学出版社

内容简介

本书从高维系统建模、振荡稳定性分析与振荡安全域构建三方面入手，提出大规模风电并网系统次/超同步振荡问题研究的新理论和新方法。本书主要介绍了大规模风电并网系统次/超同步动态的阻抗网络模型、可以量化振荡空间分布特征和设备间相互作用关系的频域模式分析方法、基于聚合阻抗模型和预测-校正技术的风电次/超同步振荡安全域构建方法，以及为实际复杂系统的次/超同步振荡问题分析开发的高效工具——次/超同步振荡稳定性分析软件。

本书适用于电气工程专业研究生以及相关研究人员参考使用。

图书在版编目（CIP）数据

大规模风电并网系统次/超同步振荡的频域模式分析与安全域构建 / 占颖，谢小荣著. -- 北京：北京航空航天大学出版社，2025.5. -- ISBN 978-7-5124-4745-5

Ⅰ. TM614

中国国家版本馆 CIP 数据核字第 2025RW4574 号

版权所有，侵权必究。

大规模风电并网系统
次/超同步振荡的频域模式分析与安全域构建

占　颖　谢小荣　著

策划编辑　杨国龙　　责任编辑　杨国龙

*

北京航空航天大学出版社出版发行

北京市海淀区学院路 37 号（邮编 100191）　http://www.buaapress.com.cn
发行部电话：（010）82317024　　传真：（010）82328026
读者信箱：qdpress@buaacm.com.cn　　邮购电话：（010）82316936
北京富资园科技发展有限公司印装　　各地书店经销

*

开本：710×1000　1/16　印张：9.75　字数：154 千字
2025 年 5 月第 1 版　2025 年 5 月第 1 次印刷
ISBN 978-7-5124-4745-5　　定价：69.00 元

若本书有倒页、脱页、缺页等印装质量问题，请与本社发行部联系调换。联系电：（010）82317024

前　　言

近年来，随着风电等可再生能源发电的迅速发展，风电机组及其电力电子控制与交 / 直流电网间动态相互作用导致的新型次 / 超同步振荡问题引发了广泛关注。我国新疆哈密和冀北沽源等大规模风电并网系统均发生过严重的次 / 超同步振荡事件，危及电力设备的安全乃至系统整体的安全稳定运行。

大规模风电并网系统设备类型众多、拓扑结构复杂、模型维数极高、运行方式多变，具有多时间尺度动态耦合特性，给系统的稳定分析带来极大的挑战。风电次 / 超同步振荡与常规同步发电机轴系扭振相关的次同步振荡在产生机理及稳定特性等方面均有显著区别，因此亟需针对此类新型振荡问题展开深入研究。为此，本书从高维系统建模、振荡稳定性分析与振荡安全域构建三方面入手，提出大规模风电次 / 超同步振荡问题研究的新理论和新方法。

在系统级建模方面，提出了刻画大规模风电并网系统次 / 超同步动态的阻抗网络模型，建立了网络的传递函数矩阵。阻抗网络模型构造灵活，可高效重构，且易于扩展，适合拓扑变化频繁、具有频率耦合效应的风电并网系统。并且，阻抗网络模型能够反映复杂电网结构及其内部动态，为精确评估系统的次 / 超同步振荡特性分析奠定了模型基础。

在振荡稳定性分析方面，提出了频域模式分析方法，建立了参与因子、灵敏度等频域量化指标，可以获取系统的全部振荡模式，明确振荡的影响范围、振荡电流的空间分布规律和引发振荡的关键设备，从而全面反映风电次 / 超同步振荡特性。进一步，基于量化指标提出了阻抗网络的聚合判据和次同步相量测量装置的配置方法，为网络的空间聚合和测量装置的最优选址提供了理论依据。

在振荡安全域研究方面，提出了基于聚合阻抗模型和预测 – 校正技术的风电次 / 超同步振荡安全域构建方法，在确保安全域精度的条件下，显著提高了安全域构建效率。进一步，采用超平面对安全域边界点进行拟合，并基于边界表达式建立了系统运行状态的评价指标，可以获得系统在不同工况下的安全裕度，为系统运行方式的优化提供了重要指导。

此外，在工程应用方面，基于所提出的建模和分析方法，开发了次/超同步振荡稳定性分析软件，并用于实际大规模风电并网系统，分析结果得到了电磁暂态仿真验证，为系统的安全稳定运行提供了有力支撑。

本书由占颖、谢小荣著。编写分工为：占颖编写第一章、第二章、第三章、第四章和第五章，约15万字；谢小荣编写第六章。

本书得到国家自然科学基金项目（52407153，52321004）的资助，特此致谢！

作者

2024 年 11 月

目 录

第1章 引 言 ··· 1

 1.1 研究背景与意义 ·· 1
  1.1.1 研究背景 ··· 1
  1.1.2 研究意义 ··· 2
 1.2 国内外研究现状 ·· 3
  1.2.1 系统级建模研究现状 ·· 3
  1.2.2 振荡稳定性分析研究现状 ·· 5
  1.2.3 振荡安全域构建研究现状 ·· 9
 1.3 研究面临的挑战及研究思路 ·· 10
  1.3.1 研究面临的挑战 ·· 10
  1.3.2 研究思路 ·· 12
 1.4 主要研究内容 ··· 14

第2章 大规模风电并网系统的阻抗网络模型 ································ **16**

 2.1 阻抗网络模型的构建原理 ·· 17
  2.1.1 大规模风电并网系统的特点 ·· 17
  2.1.2 风电并网系统次/超同步振荡机理 ··································· 19
 2.2 阻抗网络模型及其传递函数矩阵 ··· 20
  2.2.1 阻抗网络模型的构建步骤 ··· 20
  2.2.2 设备的阻抗模型 ·· 22
  2.2.3 阻抗网络模型的传递函数矩阵 ······································· 25
  2.2.4 阻抗网络模型的特点 ·· 28
 2.3 阻抗网络模型的聚合 ··· 29
  2.3.1 聚合阻抗（导纳）的定义 ··· 30
  2.3.2 聚合阻抗（导纳）的计算公式 ······································· 31
 2.4 算例分析：冀北沽源风电并网系统的阻抗网络模型 ··················· 33

2.4.1　冀北沽源风电并网系统描述 ················· 33
　　2.4.2　设备的阻抗模型 ························· 34
　　2.4.3　阻抗网络模型 ·························· 36
2.5　本章小结 ································· 38

第 3 章　风电并网系统的频域模式分析方法 ············· 39

3.1　振荡模式的获取方法 ·························· 40
　　3.1.1　全部振荡模式的求取 ······················ 40
　　3.1.2　主导振荡模式的求解 ······················ 42
3.2　频域量化指标 ······························ 42
　　3.2.1　节点/回路参与因子 ······················· 42
　　3.2.2　设备（参数）灵敏度 ······················ 53
　　3.2.3　支路可观度 ··························· 55
　　3.2.4　算例分析：四阶无源电路 ···················· 56
　　3.2.5　频域模式分析与特征值分析的比较 ··············· 61
3.3　频域量化指标在网络聚合和动态监测中的应用 ············ 61
　　3.3.1　基于模式可观度的阻抗网络聚合方法 ·············· 62
　　3.3.2　次同步相量测量装置优化配置方法 ··············· 66
3.4　算例分析：冀北沽源风电并网系统的频域模式分析 ·········· 67
　　3.4.1　振荡模式分布 ·························· 67
　　3.4.2　频域量化指标 ·························· 68
　　3.4.3　电磁暂态仿真验证 ······················· 72
3.5　本章小结 ································· 75

第 4 章　风电并网系统次/超同步振荡安全域分析 ·········· 76

4.1　风电并网系统次/超同步振荡安全域的定义 ············· 77
　　4.1.1　风电并网系统次/超同步振荡安全域的定义空间 ········ 77
　　4.1.2　风电并网系统次/超同步振荡安全域的定义 ·········· 79
4.2　风电并网系统次/超同步振荡安全域的边界搜索方法 ········ 80
　　4.2.1　基于聚合阻抗的全工况振荡稳定性分析 ············ 80
　　4.2.2　基于预测-校正技术的安全域边界搜索方法 ·········· 82

    4.2.3 风电并网系统次/超同步振荡安全域边界的超平面拟合 …… 89
  4.3 基于次/超同步振荡安全域的系统运行状态多维评价指标 …… 90
    4.3.1 稳定裕度衡量指标 …… 90
    4.3.2 次/超同步振荡概率稳定评估指标 …… 91
    4.3.3 建立振荡稳定约束的控制优化模型 …… 95
  4.4 本章小结 …… 95

第5章 大规模风电并网系统的应用算例 …… 97
  5.1 次/超同步振荡稳定性分析软件 …… 97
    5.1.1 软件的功能模块 …… 97
    5.1.2 软件的运行流程 …… 99
  5.2 新疆哈密风电并网系统的阻抗网络模型 …… 101
    5.2.1 新疆哈密风电并网系统描述 …… 101
    5.2.2 设备的频率耦合阻抗模型 …… 103
    5.2.3 频率耦合阻抗网络模型 …… 108
  5.3 新疆哈密风电并网系统次/超同步振荡分析 …… 109
    5.3.1 次/超同步振荡稳定性分析 …… 109
    5.3.2 次/超同步振荡安全域构建 …… 116
    5.3.3 系统安全运行区间的影响因素分析 …… 126
    5.3.4 风电并风系统次/超同步振荡概率稳定评估 …… 131
  5.4 本章小结 …… 135

第6章 结论与展望 …… 137

参考文献 …… 140

第 1 章 引 言

1.1 研究背景与意义

1.1.1 研究背景

当前，在气候变暖、资源短缺、生态环境恶化等全球性问题日益严峻的背景下，我国提出了"碳达峰碳中和"目标。为落实这一目标，大力开发利用风、光等可再生能源，促进能源结构绿色低碳转型是十分重要的环节。近年来，我国风电发展迅猛，风电装机容量十年来一直保持世界第一，占全球累计装机量的 32.24%[1-2]。截至 2021 年年底，我国风电装机 3.28 亿千瓦，占全国总发电装机容量的 13.8%，风电发电量 6 526 亿千瓦时，占全社会用电量的 7.9%，同比增长 40.5%[3]。国家能源局进一步提出了到 2025 年风电、光伏发电量占比达 16.5% 左右的目标[4]。可以预见，风电大量并网是未来电力系统的发展趋势，高比例风电的接入给电力系统的安全稳定分析带来了各种新问题和新挑战[5-7]。

受到风能及国土资源的制约，大规模集中开发、远距离外送是我国风电利用的重要模式[8]。我国 80% 的风能资源集中在"三北"地区，即东北、华北和西北地区，而主要负荷中心却分布在中、东部地区。目前，我国通过建设特高压直流、特高压交流、柔性直流输电系统等将风电输送至负荷中心[9]，典型的如哈密南至郑州特高压直流、扎鲁特至青州特高压直流、蒙西至晋中特高压交流、张北至雄安特高压交流、张北四端柔性直流、南澳三端柔性直流输电系统等。

随着风电渗透率的提高，大规模风电并网系统的稳定性问题日益突出[10-11]，其中一个重要方面表现在风电等变流式电源与大电网相互作用会引发次/超同步振荡事故。例如：2009年10月，美国德克萨斯州某风电场发生的次同步谐振事件，造成大量风电机组脱网和机组的撬棒损坏[12]；2011年以来，我国冀北沽源地区多次出现次同步振荡，造成多起因谐波过量而切机弃风的事故[13]；2015年，我国新疆哈密地区发生次/超同步振荡事件，造成3台直流配套火电机组全切的恶劣后果[14]。这些次/超同步振荡事故降低了电能质量，威胁系统稳定和设备安全，制约风力发电的高效消纳[15]。

分析上述风电并网系统发生的次/超同步振荡事件，发现这类新型振荡具有以下共同特点：

① 机理上均涉及多台变流器接口风电机组间及其与交/直流电网的动态相互作用，且振荡频率与机械扭振和电网电气振荡的频段重叠，具有激发临近汽轮机组轴系扭振和电网电气谐振的风险[16]。

② 振荡影响因素复杂，振荡稳定性不仅与变流器和电网等参数有关，还受到风速等外部条件的影响，振荡频率和振荡阻尼具有时变的特征[17]。

③ 振荡电压（电流）会在电网中大范围传播，不仅仅局限在某一区域，具有全局性和广域传播特性[18]。

④ 振荡往往始于小信号负阻尼失稳，由于变流器过载能力小，控制信号容易限幅，导致最终呈现非线性持续振荡。

风电并网系统次/超同步振荡与常规同步发电机轴系振荡引发的次同步振荡在产生机理、振荡特性以及抑制方法等方面均存在较大差异，难以用此前构建在同步发电机和工频相量模型基础上的经典理论和方法进行研究，因此亟需针对此类新型振荡问题提出新的分析理论和方法。

1.1.2 研究意义

本书针对大规模风电并网系统的次/超同步振荡问题，从大规模复杂系统建模、次/超同步振荡稳定性分析、次/超同步振荡安全域分析三方面展开研究，并根据所提建模和分析方法，研发电力系统次/超同步振荡稳定性分析软件。

从科学研究角度，研究成果可形成分析风电并网系统次/超同步振荡问题的新理论与方法体系，为深入研究风电并网系统次/超同步振荡现象奠定模型基础，为高效抑制风电并网系统次/超同步振荡事故提供理论支撑。

从工程应用角度，次/超同步振荡稳定性分析软件为实际复杂电网的次/超同步振荡问题提供了分析工具，可以确定振荡的空间分布特征，定位影响振荡的关键设备，给出系统能够稳定运行的安全域，直观地评估系统在不同工况下的稳定性和安全裕度，为系统的运行方式优化提供重要指导。

从产业发展角度，研究成果为大规模风电并网系统的次/超同步振荡防控提供理论支撑和技术保障，保障了系统的安全稳定运行，增强了电网的可再生能源消纳能力，有利于我国电力工业的可持续绿色发展。

1.2 国内外研究现状

传统电力系统稳定性概念是四五十年前面向同步发电机、基于工频相量模型构建的[19]。随着风电等可再生能源的渗透率不断提高，电源侧越来越多地采用基于电力电子变流器的静止发电机。风电机组及电力电子控制与交直流电网间的动态相互作用会引发次/超同步振荡事故，成为影响现代电力系统稳定性的一个重要方面[20]。针对风电并网系统的次/超同步振荡问题，国内外学者开展了一些初步的研究工作，下面从系统级建模、振荡稳定性分析和振荡安全域构建三方面简述目前的研究现状。

1.2.1 系统级建模研究现状

风电并网系统次/超同步振荡是由风电机组变流器与电网间的相互作用引发的，振荡往往始于小信号负阻尼失稳，因此可以使用给定工作点下的线性化模型开展研究。已有的建模方法可以分为时域建模和频域建模两类，下面分别介绍这两类建模方法。

1. 时域建模方法

状态空间模型是描述动态系统的完整模型，它包括两组方程，即状态方程和输出方程，描述了由于输入引起系统内部状态的变化，并由此使输出发生的变化[21]。电力系统是连续时间非线性系统，建立其状态空间模型，首先，需要确定系统的一组状态变量，以及输出变量和输入变量，并以状态变量为自变量，列写系统的非线性状态方程；其次，将非线性状态方程在某一平衡点处进行 Taylor 展开，并忽略高次项，即对其线性化得到状态方程；最后，根据输出变量是状态变量和输入变量的线性组合，得出输出方程[22]。

考虑到大规模风电并网系统的状态变量数量多，且变量间联系复杂，构建其连续时间状态空间模型比较困难，文献[23]建立了系统离散域状态空间模型：首先，推导出系统常见设备的离散域状态空间模型，并定义了设备的离散等值电路模型；其次，给出了离散域状态变量的选取原则；最后，基于节点分析法构成整个系统的离散域状态空间模型。

为了实现系统各设备的模块化建模，文献[24]和文献[25]提出了组件连接法，其本质是根据端口特性对传统的状态空间模型的重新表述。它不是直接线性化整个系统的非线性状态空间模型，而是允许独立建模组件的输入输出关系和互联网络，并通过代数矩阵将其组装，因此可大大简化系统状态矩阵的求解过程。

2. 频域建模方法

在频域建模中，通常将系统中各设备用阻抗模型表示[26]。阻抗模型相当于以设备端口电压和电流作为输入和输出量的设备传递函数。根据 KCL/KVL 原理，将不同设备的阻抗模型按照系统拓扑结构进行连接，进而构成整个系统的频域模型。相比于时域建模方法，频域建模方法操作方便，且当系统拓扑发生变化时，频域建模方法便于模型重构，适合运行方式多变的风电并网系统。

考虑到大规模风电系统网络结构复杂，目前文献通常采用简化模型进行分析。文献[27]和文献[28]将系统分成电源和负荷两个子系统，如图 1-1 所示，每个子系统用一个等效阻抗表示，根据两者的阻抗比，采用 Nyquist 判据来判断系统的稳定性。文献[29]将系统用一个聚合阻抗表示，当作系统的闭环传递函数，根据聚合阻抗的零点或者频率特性曲线的过零点获取系统的振荡模式。上述建模过程均忽略了电网结构，不能分析设备间的动态相互作用和不同设备对振荡的贡献度。

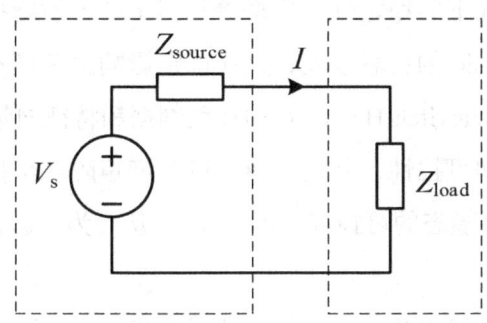

图 1-1　电源 / 负荷子系统等效电路模型

1.2.2　振荡稳定性分析研究现状

风电并网系统的次 / 超同步振荡往往始于小信号负阻尼发散，随着振荡幅值的增长，非线性因素（如控制中的限幅、饱和等）逐渐起作用而导致其大多终于持续等幅振荡。当然，振幅增长过程中也可能导致保护动作，改变机-网拓扑或工况，导致振荡衰减乃至消失。因此，风电并网系统的次 / 超同步振荡可以从小扰动（线性）和大扰动（非线性）两个角度或者结合起来进行分析，前者可以沿用传统的小干扰（近似线性化）稳定性分析方法，后者可以采用大扰动（非线性）稳定性分析或仿真方法。另外，次 / 超同步振荡分析方法也可从时域和频域角度进行划分。下面将分别介绍各种时域分析方法和频域分析方法，包括方法的基本原理、优缺点及其在实际风电并网系统中的应用情况。

1. 时域分析方法

时域分析方法是指在时间域内对目标系统开展分析的技术，最常用的时域分析方法包括基于状态空间模型的特征值分析和基于电磁暂态模型的时域仿真分析。

（1）特征值分析法

特征值分析法又称时域模态分析法，是小干扰稳定性分析最为常用的方法之一[30-32]，其基于系统的状态空间模型，理论基础是 Lyapunov 第一法。通过求解状态空间矩阵的特征值，并根据特征值在复平面上的分布情况可以判断系统在零输入情况下的稳定性。根据参与因子和灵敏度指标，能够分析系统状态量与模态量之间的关联程度，进而确定影响振荡模态的主导因素。进一步，采用 Popov-Belevitch-Hautus (PBH) 秩判据和特征向量判据[33]，可以判断各模态的可观性和可控性，并通过建立可观度矩阵和可控度矩阵，分析各输入量（输出量）对模态的可控度（可观度），从而为传感器和控制器的选址提供依据[34]。

特征值分析法的优点是理论严格，分析准确度高，可得到大量有价值的信息。但是，风电机组变流器的内部结构和参数由于涉及商业机密，一般不公开，这种情况下就难以对其进行详细的状态空间建模。除此之外，当系统规模比较大、维数很高时，求解特征值本身的难度会上升、精度会下降。综上，特征值分析虽然广泛应用于小的简化系统，但对于分析实际大规模风电并网系统的次／超同步振荡特性仍面临巨大挑战。

（2）电磁暂态仿真法

电磁暂态仿真法（简称时域仿真法）能对系统中的非线性元件和非线性行为（如磁饱和、开关操作、暂态故障和电力电子设备）进行详细建模，同时还可用于校验用线性化模型设计的控制策略及设备在各种非线性运行条件下的性能，是电力系统安全稳定分析中较为常用的方法[35-37]。电磁暂态仿真法的基本原理是利用分步数值积分求解系统的线性或非线性差分方程，获得系统中各物理量随时间变化的曲线，描述系统遭受扰动后的动态特性。根据响应曲线，可以获得振荡幅值、阻尼和频率等信息。

电磁暂态仿真需要借助仿真软件，输入相关元件参数模拟系统运行，常用的离线电磁暂态仿真软件包括 PSCAD/EMTDC、MATLAB/Simulink 等。采用该仿真技术要求知道目标系统的详细结构和参数，往往由于需要设置较小的仿真步长，而导致对大型系统的电磁暂态仿真耗时激增、效率下降。

2. 频域分析方法

近年来，频域分析方法为风电并网系统次／超同步振荡问题的研究提供了新思路，具体是指在频率域内对目标系统开展分析的技术。常采用的频域分析方法包括频率扫描法、谐振模态分析法、Nyquist 判据法、聚合阻抗法和描述函数法。

（1）频率扫描法

频率扫描法是一种常用于风险筛选的次/超同步振荡风险评估方法[38-40]。在目标机组端口或场站接入处，通过频率扫描得到机组、场站和输电网络在次/超同步频率范围内的驱动点阻抗。其实部和虚部分别称为等效电阻和等效电抗，两者都是关于频率的函数。通过观察两者的过零点、跌落等特性来判别振荡风险。传统的频率扫描法是基于系统无源元件所构成电路的阻抗特性，不能很好地反映变流器等对阻抗特性的贡献；最新的频率扫描法则多采用扰动测试法，即向扫描对象注入不同频率的小扰动进而测量其阻抗而实现，可以反映变流器动态。

频率扫描法具有成本低、分析效率高和便于使用等优势，适用于大规模复杂系统，它可以确定系统中对次/超同步振荡影响很小的部分，在进一步详细分析时可将这部分忽略或用简化电路代替，从而可以在一定程度上提高分析速度；然而，频率扫描法作为一种初筛方法，难以得到次/超同步振荡的频率、阻尼等精确量化结果，因此，频率扫描法往往需要辅以后续更详细的分析方法。

（2）谐振模态分析法

谐振模态分析法可用于分析谐波谐振现象。根据文献[41]，谐振现象与系统节点导纳矩阵或回路阻抗矩阵的奇异性有关，即矩阵的一个特征根趋近于零，因此，根据频域节点导纳矩阵或回路阻抗矩阵特征根的极小值可以得到系统的谐振频率。进一步，通过计算节点/回路参与因子、灵敏度等指标，能够判断谐振中心位置和确定各设备对谐振的影响程度[41-43]。

谐振模态分析法操作简单，且能获得谐振模式的分布特性，但由于其建立的是各频率点下的节点导纳矩阵和回路阻抗矩阵，只能得到谐振频率，无法计算谐振阻尼，因此不能判断系统的稳定性。

（3）奈奎斯特（Nyquist）判据法

基于小信号阻抗模型的奈奎斯特（Nyquist）判据法是使用非常广泛的稳

定性分析技术[44-49]。使用该方法时，需将目标系统分为电源子系统和负荷子系统两部分，分别建立两个子系统的阻抗模型，如图1-1所示，系统回路电流可以表示为

$$I(s) = \frac{V_s}{Z_{load}(s)} \cdot \frac{1}{[1+Z_{source}(s)/Z_{load}(s)]} \tag{1-1}$$

其中，$Z_{source}(s)$和$Z_{load}(s)$分别是电源子系统和负荷子系统的频域阻抗。

根据式（1-1），如果V_s和$Z_{load}(s)$开环稳定，则系统的稳定性可根据$1/[1+Z_{source}(s)/Z_{load}(s)]$进行评估。它可以看作是一个负反馈控制系统的闭环传递函数，其前向增益为1，反馈增益为$Z_{source}(s)/Z_{load}(s)$。根据线性控制理论，当且仅当反馈增益满足Nyquist稳定性判据时，系统才稳定，因此，系统的稳定性由电源和负荷两个子系统的阻抗之比决定。如果考虑频率耦合效应，需要建立设备的阻抗矩阵，此时系统的稳定性可以用广义Nyquist判据来评估[50]。

Nyquist判据法理论严格，不仅可以评估系统的振荡风险，还可分析风速、串补度、控制器参数等因素对系统振荡特性的影响；然而，其将电源/负荷子系统分别用一个等效阻抗表征，难以分析系统不同设备对振荡的参与情况。此外，Nyquist判据法不能提供准确的振荡阻尼和频率等量化信息，通常只用于定性判断系统的稳定性。

（4）聚合阻抗法

基于聚合阻抗频率特性的分析方法将目标系统用一个聚合阻抗表征。聚合阻抗可以视作系统的闭环传递函数。根据聚合阻抗频率特性曲线的过零点位置可以定位系统的主导振荡模式，进一步通过曲线过零点特性判断振荡模式的稳定性，具体判据参见文献[51]和文献[52]。在振荡模式邻域内，将聚合阻抗近似表示为一个串联RLC电路阻抗，根据RLC电路参数，可以计算系统振荡模式的振荡阻尼和频率。

基于聚合阻抗频率特性的分析方法可以高效准确求解系统的主导振荡模式，但由于忽略了系统的拓扑结构，无法分析设备间相互作用，难以深入研究系统次/超同步振荡的振荡特性。

（5）描述函数法

描述函数法是一种近似分析非线性系统的方法，其原理是在频域内将非线性环节用一个可变增益环节代替，该可变增益环节称为非线性环节的描述函数[53-54]。描述函数法被广泛应用于非线性系统的自激振荡和稳定性分析。针对风电机组控制中限幅、饱和等非线性环节，也可采用描述函数法进行分析。文献[55]和文献[56]采用描述函数法估计了次/超同步振荡进入非线性等幅振荡阶段时的频率和幅值，并研究了限幅等非线性环节对振荡特性（频率、幅值）的影响趋势。然而，目前描述函数法的研究还处在初级阶段，多停留在单机系统的机理性分析，尚有较多问题有待深入探讨，譬如：还没有考虑频率耦合响应，多种或多个机组非线性动态的叠加等。

综上可见，各种方法均有其优势和不足之处。其中，频率扫描法简便易用，但无法给出准确的稳定性结果，通常只用于次/超同步振荡风险场景的初步筛选；特征值分析法和电磁暂态仿真法能够获得振荡模式的定量信息，揭示振荡的主导因素，但需构建详细电磁暂态模型，计算量大，且不便处理"黑/灰箱"化设备和时变的机-网方式，难以扩展应用于实际的大规模复杂风电系统；Nyquist判据法只能给出定性结果；Nyquist判据法和聚合阻抗法由于忽略了电网结构，难以分析不同设备对振荡的贡献度；描述函数法目前还仅仅用于单一非线性因素对振荡特性的影响机理分析上。

1.2.3 振荡安全域构建研究现状

为了研究系统在不同运行方式下的小扰动稳定水平，文献[57]提出了小扰动安全域的概念，它是指在可调参数空间（或注入空间）中所有能够保证系统小扰动稳定性的工况集合。根据非线性动力学理论[58]，参数空间中电力系统小扰动稳定域的边界主要由鞍节分岔、Hopf分岔和奇异诱导分岔3类分岔点构成，其中Hopf分岔对应系统的振荡失稳现象；但这里提到的振荡失稳大多针对低频或超低频振荡，并未涉及次/超同步振荡。

振荡安全域构建的关键在于获取其边界。目前常用的安全域边界搜索方法包括逐点遍历法和基于圆盘定理的构建方法。

1. 逐点遍历法

采用逐点遍历法构建安全域边界的思路为：在安全域参数空间内，基于特征值分析或时域仿真等方法判断系统在各参数组合下的振荡稳定性，通过遍历整个参数空间，得到所有振荡临界稳定点，连接构成安全域边界[59]。

逐点遍历法的准确性受到待分析参数组合区域及采样步长的影响，为保证安全域边界的准确性，需要对参数空间大量密集采样。考虑到风电并网系统模型阶数高，振荡模式多，采用逐点遍历法计算量大、效率低、耗时长，不利于在线应用。

2. 基于圆盘定理的构建方法

基于圆盘定理构建安全域边界的思路为：根据盖尔圆盘定理对状态空间矩阵特征值的分布范围进行估计，并依据系统稳定条件对含参的特征值分布范围进行限定，进而通过逆过程构建安全域[60]。

基于圆盘定理的构建方法只需使用基本圆盘定理对状态矩阵特征值范围进行估计，进而构建安全域，与逐点遍历法相比，大幅提升了计算效率，但是所构建的安全域有一定保守性。

1.3　研究面临的挑战及研究思路

大规模风电并网系统设备类型众多、拓扑结构复杂、模型维数极高、运行方式多变，具有多时间尺度动态耦合特性，给系统的建模工作、稳定性量化分析和振荡安全域分析带来了极大的挑战。

1.3.1　研究面临的挑战

1. 大规模风电并网系统的建模

大规模风电并网系统中不仅包含大量风电机组，还包括多种类型的设备，它们的控制带宽不同，响应特性各异，时间尺度千差万别，如何采用统一的模型描述各设备及其互联整体的动态特性，以满足次/超同步振荡研究需要成为关键性难题。

① 由于风电机组和其他电力电子变流器的生产厂家为保护其商业机密，不愿提供设备的内部详细信息，因此系统大量设备的内在结构和控制策略未知，即所谓"黑/灰箱"化问题，导致构建传统的机理模型十分困难。

② 由于风速的随机性，风电机组可能出现频繁的投/切操作，导致系统运行方式和电网拓扑频繁变化，传统的建模方法通常针对单一运行方式，模型重构效率低，难以适用于运行方式多变的大规模风电并网系统。

③ 大量风电机组分布在广阔的地域空间，发出的风电通常通过大规模远距离外送，导致系统拓扑结构非常复杂。不同机组的型号各异、生产厂家不同，电路结构、控制策略和机电参数均存在差异，且由于风速的时空分布，机组间的工况差别也很大。然而，以往研究通常忽略机组之间的动态差异，将大量异构风电机组聚合成单台大容量机组，采用单台机组接入简化等值电网的理想场景，这样得到的简化模型难以反映风电机组间及其与复杂电网间的互动耦合关系，不能准确刻画大规模风电并网系统的动态特性。

2. 大规模风电并网系统次/超同步振荡稳定性的量化分析

与汽轮机组轴系振荡引起的传统次同步振荡不同，风电机组变流器控制参与的新型次/超同步振荡涉及多种设备的动态相互作用，且振荡功率会在系统中传播，影响范围广。如何获取系统的振荡模式，并揭示振荡的空间分布规律和找到引发振荡的关键设备成为亟需解决的难题。

① 风电机组的单机容量小（数兆瓦），一个百万千瓦级的风电基地即安装了上千台风电机组，再加上机组的控制系统复杂，单机动态维度高，因此，大规模风电并网系统的模型阶数极高。采用传统的分析方法（如特征值分析法、时域仿真法）可能面临"维数灾"问题。目前，大多数文献提出的分析方法仅能在小型、简化系统中应用，将单一或数台风电机组作为研究对象，聚焦于风电机组自身的控制稳定性。

② 无论是理论分析还是工程评估，都希望得到关于振荡稳定性的量化结果，并给出振荡模式的频率、阻尼及参与因子、灵敏度等指标；而大规模风电并网系统存在大量电力电子设备，系统多时间尺度振荡模式并存，计算的数值问题突出，定量分析困难，导致一些常见分析方法仅能用于系统振荡风

险的定性评估。

③ 风电并网系统次/超同步振荡具有全局性和广域传播特性，为了全面深入地刻画此类新型振荡的振荡特性，从而为振荡的抑制工作提供指导，需要研究振荡的空间分布特征和设备间的动态相互作用；而目前的分析方法大多忽略了系统的拓扑结构，难以准确分析风电并网系统次/超同步振荡的特点。

3. 大规模风电并网系统次/超同步振荡安全域分析

针对大规模风电并网系统的次/超同步振荡问题，目前广泛采用的方法，如特征值分析法、时域仿真法、Nyquist 判据法等，都是分析系统在指定运行方式下的振荡稳定性。系统振荡稳定性与工况密切相关，如何快速准确地判断系统在不同工况下的稳定性，得到系统的次/超同步振荡安全域对于系统的安全稳定运行至为关键。

① 次/超同步振荡安全域需要反映系统在不同工况下的次/超同步振荡稳定性，而目前针对次/超同步振荡域的构建方法是基于特定工况的参数稳定域，其会随系统运行方式改变而变化，难以对系统的运行提供指导。

② 构建安全域的关键在于确定安全域边界，次/超同步振荡安全域边界由一系列次/超同步振荡临界稳定点构成。由于大规模风电并网系统维数极高，即便求解系统在单个工况下的次/超同步振荡模式，也会产生大量计算量，因此如何快速判断不同工况下的次/超同步振荡稳定性并高效搜索注入空间内各个方向上的振荡临界稳定点成为难点。

③ 为了量化分析系统在不同工况下的安全裕度，并为系统优化问题提供次/超同步振荡稳定约束，需要得到安全域边界的解析表达式。由于"黑/灰箱"化设备的存在，理论推导不可行，只能通过研究边界的拓扑性质，选择一种工程实用的方法对安全域边界进行近似。

1.3.2 研究思路

针对大规模风电并网系统的次/超同步振荡现象开展系统性研究，旨在解决以下 3 个关键问题：一是如何准确描述风电机组、交/直流电网及其耦合整体的动态特性，即高维复杂系统建模问题；二是如何分析次/超同步振荡的空间分布特征和设备间的相互作用关系，即振荡特性分析问题；三是如何获得系统在不同运行方式下的次/超同步振荡稳定性和安全裕度，即振荡安全域分析问题。研究思路如图 1-2 所示。

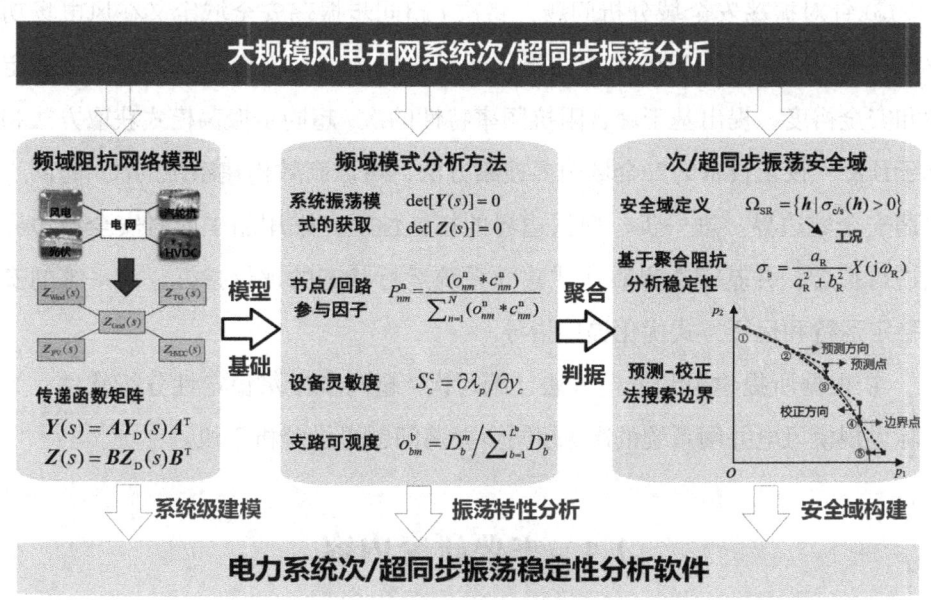

图 1-2　研究思路

① 针对高维复杂系统建模难题，采用频域阻抗网络模型描述系统各类设备的动态特性，对于"黑/灰箱"化设备，通过外特性辨识方法获得其阻抗。在得到各设备的阻抗后，将它们按照实际拓扑互联得到整个系统的阻抗网络模型，从而保留了系统完整的拓扑信息。当系统运行方式发生变化时，模型可以高效重构。进一步，构造了阻抗网络的传递函数矩阵，为量化评估大规模风电并网系统的振荡特性奠定模型基础。

② 为了分析系统的次/超同步振荡特性，提出频域模式分析方法，通过求解 s 域节点导纳矩阵或回路阻抗矩阵行列式的零点，可以获取系统的全部振荡模式，定量计算模式的振荡阻尼和频率。当系统维数非常高时，可以采取频率分段技术有效降低模型阶数，避免"维数灾"问题。同时，建立节点/回路参与因子、可观度、可控度、设备灵敏度等频域量化指标，可以得到振

荡电流的空间分布规律和明确引发振荡的关键设备。进一步，基于模式可观度提出了阻抗网络的聚合判据，选择合适的聚合端口将阻抗网络模型聚合，使获得的聚合阻抗（导纳）可以表征系统的小扰动动态行为，进而实现对系统的快速判稳。

③ 针对振荡安全域分析问题，将次／超同步振荡安全域定义在风电场功率注入空间中，从而反映系统在不同运行方式（稳态工作点）下的振荡稳定性和安全裕度。提出基于聚合阻抗频率特性的次／超同步振荡模式获取方法和基于预测–校正技术的安全域边界搜索方法，可以高效构建系统的次／超同步振荡安全域边界。进一步，根据边界的拓扑性质，采用超平面对安全域边界点进行拟合，并基于边界表达式建立系统运行状态的评价指标，为系统的安全稳定运行和运行方式优化提供指导。

④ 根据所提建模和分析方法，编写次／超同步振荡稳定性分析软件，为实际大规模风电并网系统的次／超同步振荡问题提供分析手段。

1.4　主要研究内容

针对大规模风电并网系统的新型次／超同步振荡问题，系统深入地研究大规模复杂系统的建模方法、次／超同步振荡特性的量化分析方法和次／超同步振荡安全域的构建理论。主要研究内容如下：

① 提出了刻画大规模风电并网系统次／超同步动态的阻抗网络模型：建立大规模风电并网系统各电力设备的（全工况）阻抗模型，根据KCL/KVL定律将各设备阻抗互联，形成系统的阻抗网络模型，并构造网络的传递函数矩阵，为精准评估系统的振荡特性奠定模型基础。特别地，当仅需评估系统的振荡风险时，可以进一步在阻抗网络某端口处对网络进行聚合，利用聚合阻抗实现对系统的快速判稳。

② 提出了可以量化振荡空间分布特征和设备间相互作用关系的频域模式分析方法：通过求取 s 域节点导纳矩阵行列式的零点，获取系统的振荡模式。建立参与因子、可观度、灵敏度等频域量化指标，可以确定振荡的影响区域

和中心位置，得到振荡电流的空间分布规律以及定位引发振荡的关键设备。进一步，基于量化指标提出阻抗网络的聚合判据和次同步相量测量装置的优化配置模型，为阻抗网络的空间聚合和测量装置的最优选址提供理论依据。将所提方法运用到冀北沽源风电并网系统，通过电磁暂态仿真验证方法的有效性。

③ 提出了基于聚合阻抗模型和预测－校正技术的大规模风电并网系统次/超同步振荡安全域构建方法：在风电场功率注入空间中给出次/超同步振荡安全域的定义，提出基于聚合阻抗频率特性的次/超同步振荡模式获取方法和基于预测－校正技术的安全域边界搜索方法，并采用超平面对边界点进行拟合，从而获得工程实用的次/超同步振荡安全域，能够直观地评估系统在不同运行方式下的振荡稳定性和安全裕度。进一步，基于安全域边界表达式建立系统运行状态的评价指标，并将其作为次/超同步振荡稳定约束条件引入系统优化问题中，为系统的振荡防控和运行方式优化提供依据。

④ 开发电力系统次/超同步振荡稳定性分析软件：软件已用于新疆哈密等大规模风电并网系统，获得了系统的次/超同步振荡特性，构建了系统的次/超同步振荡安全域，所得结果通过电磁暂态仿真验证，为实际复杂系统的次/超同步振荡问题分析提供高效工具。

第 2 章 大规模风电并网系统的阻抗网络模型

为了阐明大规模风电并网系统新型次/超同步振荡的振荡机理，进而分析其振荡特性，需要首先建立能反映大规模风电并网系统次/超同步动态的数学模型。大规模风电并网系统设备类型众多，拓扑结构复杂，如何采用统一的模型结构和建模方法构建设备及其互联整体的模型，以满足大规模风电并网系统次/超同步振荡特性研究的需要，成为关键性难题。

大规模风电并网系统次/超同步振荡是由风电机组变流器与电网间的相互作用引发的，振荡往往始于小信号负阻尼失稳，因此可以使用工作点下的线性化模型开展研究。电力系统建模方法可以分为时域和频域两大类别，两类方法各有优缺点。时域建模需要基于电力设备的内部结构和详细参数，然而实际大规模风电并网系统中部分控制器的结构和参数由于涉及商业机密不公开，因此时域方法存在一定的局限性。近些年，频域阻抗模型凭借其较强的可扩展性和可操作性，被广泛用于大规模风电并网系统的建模工作。然而，已有的频域建模方法通常采用单台风电机组经辐射状线路并网的理想场景，将实际系统中大量型号不同、参数各异的风电机组用单台大容量机组表示，同时将复杂的输电网络用简单等值电网等效。简化后的模型由于忽略了风电机组之间的动态差异和实际电网的复杂拓扑，难以实现对系统振荡特性的精确评估。

针对上述问题，本章提出了刻画大规模风电并网系统次/超同步动态的阻抗网络模型。首先，建立系统各电力设备的阻抗模型，考虑到风电机组等设备的阻抗与工作点密切相关，引入了全工况阻抗模型，可以高效获取设备在不同工作点下的阻抗。对于内部参数和结构未知的"黑/灰箱"化设备，采取外特性辨识方法获取其阻抗。其次，将各设备阻抗根据实际拓扑互联构成系统的阻抗网络模型，能够保留系统的拓扑信息，从而使分析振荡的空间分布特征和设备间的互动耦合作用成为可能。阻抗网络模型构造灵活，可高效重构，适合运行方式多变的大规模风电并网系统。进一步，建立阻抗网络模型的传递函数矩阵，为量化分析系统的振荡特性奠定模型基础。最后，考虑到大规模风电并网系统的阻抗网络维数通常较高，当仅需评估系统的振荡风险时，可以将高维阻抗网络在网络某端口处简化成一个聚合阻抗（导纳），通过聚合阻抗（导纳）实现对大规模复杂系统的快速判稳。

本章 2.1 节阐明了采用阻抗网络模型描述大规模风电并网系统次/超同步动态的原理；2.2 节给出了阻抗网络建模的具体步骤，并总结了阻抗网络模型的特点；2.3 节介绍了如何将高维阻抗网络聚合成一个聚合阻抗（导纳）；2.4 节以实际大规模风电并网系统为例，介绍了阻抗网络的建模过程；2.5 节为本章内容小结。

2.1 阻抗网络模型的构建原理

本节首先分析大规模风电并网系统的特点，其次介绍大规模风电并网系统次/超同步振荡的发生机理，最后结合系统自身特点和振荡产生机理，提出刻画大规模风电并网系统次/超同步动态的阻抗网络模型。

2.1.1 大规模风电并网系统的特点

大规模风电并网系统是风电机组、火电机组、传输网络、负荷及其附带的控制和/或机械动力系统构成的复杂体系。图 2-1 为典型大规模风电并网系统的概念图。系统分布有多个风电场，有时会与附近的火电厂形成风火打捆形式。考虑到大型风电基地通常位置偏远、用电负荷较轻，网架结构也相对薄弱，因此大容量、远距离风电外送成为风能利用的显著特点。为了提高线路输送容量，通常通过高压直流输电或者交流串补线路将风电传输到主网。典型大规模风电并网系统包括以下设备和/或子系统：

（1）风电场

风电场由多台风电机组通过架空线（或电缆）和变压器连接形成。目前，风电场中大多采用变速恒频风电机组，如双馈型风电机组（doubly-fed induction generator，DFIG）和直驱型风电机组（permanent magnet synchronous generators，PMSG）。每台风电机组由同/异步发电机、风机变流器及其控制系统、风机叶片及桨距角控制系统、机械轴系系统、箱式变压器等子系统构成。

（2）火电厂

火电厂包括多台同步发电机组和厂用电系统。每台同步机组由发电机及励磁系统、汽轮机及调速系统、机械轴系系统和PSS等子系统构成。

（3）传输网络

传输网络包括交流线路、直流系统（常规直流、柔性直流）、串联电容补偿装置、断路器和隔离刀闸等。

（4）外部电网

外部电网包括其内部交/直流网络及各类型发电装备和电力负荷。

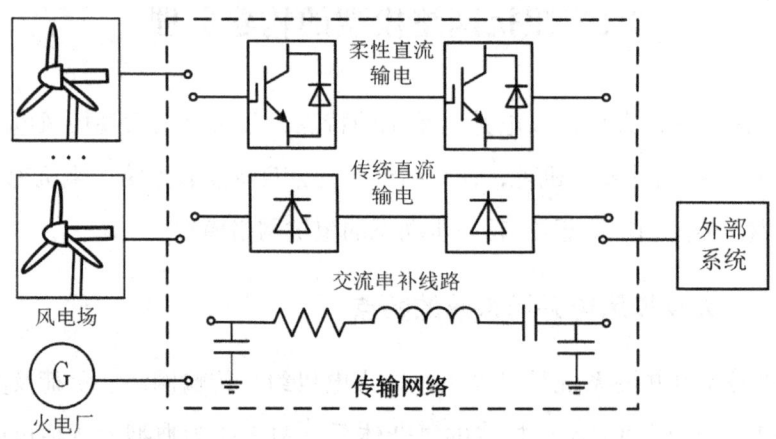

图 2-1 典型大规模风电并网系统概念图

综上，大规模风电并网系统具有以下特点：

① 设备类型众多。系统包括多种类型的发电和输电设备，它们的控制带宽不同，响应特性各异，时间尺度千差万别。

② 网络拓扑复杂。一方面，由于风电机组单机容量较小，大规模风电并

网系统通常安装有上千台风电机组，不同机组分布在非常广阔的地域空间；另一方面，发出的风电通过交直流输电线路进行大规模外送，传输网络也较为复杂。

③ 运行方式多变。由于风速的随机性和波动性，风电机组的输出功率时变。为了维持功率平衡或者提高系统稳定性，风电机组可能出现频繁的投/切操作，导致系统运行方式和电网拓扑频繁变化。

2.1.2 风电并网系统次/超同步振荡机理

风电并网系统次/超同步振荡是由风电机组及电力电子控制与交直流电网间的动态相互作用引发的，振荡始于小信号负阻尼失稳，在振荡起始阶段可以视作小干扰稳定性问题，因此可以使用特定工作点下的线性化模型进行研究。

在频域中，可采用复频域阻抗 $Z(s)$ 来描述电力设备在某工作点处的小信号动态特性。对于交流输电线路、变压器等设备，其阻抗可以表示成分立元件（电阻、电感和电容）的组合；对于风电机组，在某些频率下，由于电力电子控制作用会呈现出负电阻[17]。

风电并网系统中各设备阻抗将构成一个复杂的阻抗网络，如图 2-2 所示。不同设备间的相互作用导致系统存在大量振荡模式。其中，风电机组及其控制系统可以等效为负电阻和电容/电感的组合，在某些条件下，其可能会与以感性为主的电网相互作用产生负阻尼振荡模式，引发不稳定的振荡现象。从这个意义上来说，可借助阻抗网络分析来剖析实际系统的振荡发生机理和特征，进而探讨控制措施，这是采用阻抗网络模型来研究大规模风电并网系统振荡特性的出发点。

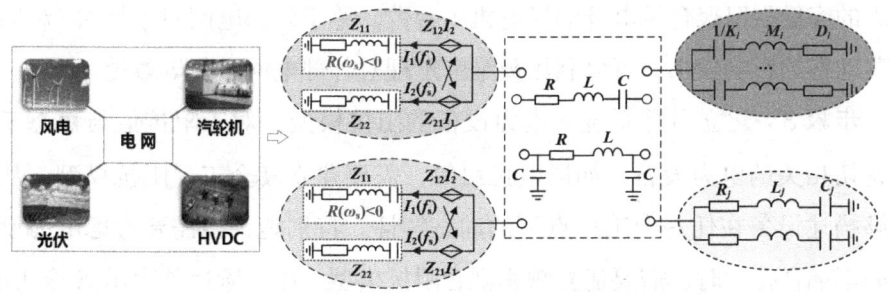

图 2-2 包含并网风电的电力系统的电网络等效原理

2.2 阻抗网络模型及其传递函数矩阵

构建阻抗网络模型的总体思路为：在同步旋转 dq 或静止 abc 坐标系下，先将系统各电力设备建模为能反映内在动态与外在互动特性的阻抗模型，再根据系统拓扑将各设备阻抗互联起来构成阻抗网络模型。本节首先给出阻抗网络建模的一般步骤，其次说明阻抗模型的概念及其获取方法，再次推导阻抗网络模型的传递函数矩阵，最后总结采用阻抗网络模型刻画大规模风电并网系统次/超同步动态的优势。

2.2.1 阻抗网络模型的构建步骤

对于一个风电并网系统而言，其阻抗网络模型的建立流程如图 2-3 所示，具体包括以下几个步骤：

步骤 1 收集目标系统的关键机网参数，并确定所研究的频率范围。关键机网参数包括系统的拓扑结构、线路和变压器的参数、风电机组的控制结构和参数、火电机组的相关参数等。考虑到本书重点研究系统的次/超同步振荡现象，因此将所研究的频率范围设为 $1 \sim 99$ Hz。

步骤 2 对目标系统的拓扑结构进行合理简化。由于风电机组的单机容量较小，系统通常有大量风电机组，若对每台风电机组单独建模，会导致网络拓扑过于复杂，系统维度过高。为了便于分析且不失一般性，可以将距离相近且类型相同的风电机组组成一个聚合风电场，其内部所有的风电机组均通过箱式变压器连接于同一条母线上。聚合风电场的装机容量等于单台风电机组的容量乘以聚合风电场的风电机组台数。鉴于外部电网对系统次/超同步振荡动态的影响较小，可以利用戴维南定理对外部电网进行等效处理。

步骤 3 建立目标系统各电力设备的阻抗模型，对于阻抗值与稳态工作点密切相关的电力设备，如风电机组等，需要建立其全工况阻抗模型，从而能够描述设备在任一个工作点下的动态特性。特别地，当需要考虑电力设备的频率耦合特性时，需要建立频率耦合阻抗模型，用二阶矩阵表示。（全工况）阻抗模型的建立方法将在 2.2.2 节详细介绍。

步骤 4　给定系统运行方式，获得电力设备在特定工作点下的阻抗。对于风电并网系统而言，系统的工况主要由风速、并网风机台数等参数决定。通过对系统开展潮流计算，得到系统中各电力设备的稳态工作点。将工作点代入设备的全工况阻抗模型，获得设备在特定工作点下的阻抗。

步骤 5　根据 KCL/KVL[61]，将各设备的阻抗按照简化的系统拓扑进行连接，构成整个系统的阻抗网络模型，并构造网络的传递函数矩阵。传递函数矩阵的建立方法将在 2.2.3 节详细介绍。

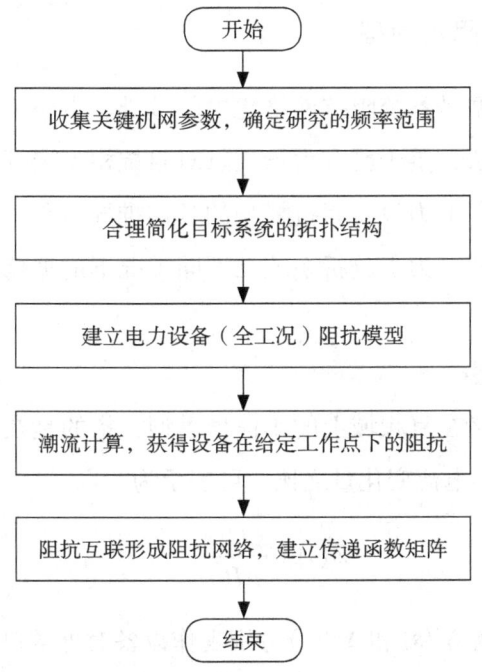

图 2-3　阻抗网络模型的构建流程

以图 2-1 所示的典型大规模风电并网系统为例，其阻抗网络模型如图 2-4 所示，其中，$Z_W(s)$ 和 $Z_T(s)$ 分别为风电场和火电厂的阻抗矩阵，$Z_{TD}(s)$、$Z_{FD}(s)$ 和 $Z_L(s)$ 分别为传统直流、柔性直流和交流线路的阻抗矩阵，$Z_S(s)$ 为外部系统的等效阻抗矩阵。需要注意的是，根据建立电力设备阻抗模型时采用的坐标系，系统的阻抗网络模型既可以建立在同步旋转 dq 坐标系下，也可以建立在静止 abc 坐标系下。

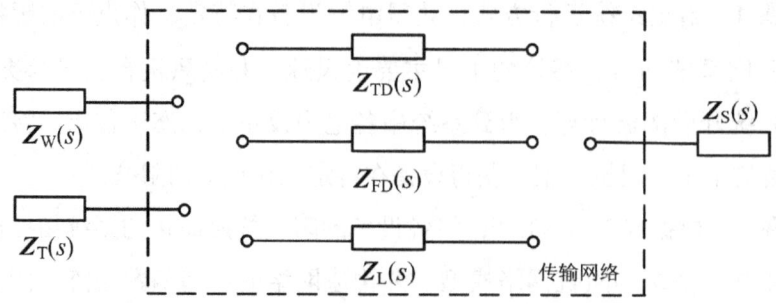

图 2-4 大规模风电并网概念系统的阻抗网络模型

2.2.2 设备的阻抗模型

设备的阻抗模型是系统阻抗网络建模的基础。本小节首先介绍阻抗模型的概念及其建立方法，鉴于已有大量文献对阻抗模型展开了研究，这里不再赘述风电并网系统各电力设备阻抗模型的具体推导过程；其次，由于风电并网系统运行方式多变，为了分析系统在不同工况下的振荡稳定性，引入全工况阻抗模型的概念。

1. 阻抗模型概述

阻抗模型是定义在复频域上的小信号模型，指的是在特定工作点下设备的端口电压变化量和电流变化量之比，可表示为

$$Z(s) = \frac{\Delta U(s)}{\Delta I(s)} \tag{2-1}$$

根据定义，当将 $\Delta I(s)$ 和 $\Delta U(s)$ 分别视作设备对外端口的输入量和输出量时，$Z(s)$ 可以看作设备的传递函数。阻抗模型既可用于线性设备，也可应用于非线性设备。在分析非线性设备时，需要对其在工作点附近进行线性化处理。根据定义，设备的阻抗除了与设备自身参数以及频率有关，还受到工作点的影响。

上述的阻抗模型是定义在单相系统（单端口）上的，在三相交流系统中，阻抗模型可以分别基于同步旋转 dq 坐标系和静止坐标系（包括 abc 坐标系、$\alpha\beta$ 坐标系和正负序坐标系）进行定义。基于上述两种坐标系建模时，通常分别忽略零轴分量和零序分量，即假设三相电压与三相电流之和均恒为 0。

采用同步旋转 dq 坐标系时，将三相交流量转换为 dq 轴直流量。首先，建立设备在同步旋转 dq 坐标系下的非线性动态方程模型；其次，在稳态工作点将其线性化；最后，对状态方程进行 Laplace 变换，从而得到 s 域中设备端口电压与电流的关系，可表示为[62-63]

$$\begin{bmatrix} \Delta U_\mathrm{d}(s) \\ \Delta U_\mathrm{q}(s) \end{bmatrix} = \left\{ \boldsymbol{Z}_\mathrm{dq}(s) = \begin{bmatrix} z_\mathrm{dd} & z_\mathrm{dq} \\ z_\mathrm{qd} & z_\mathrm{qq} \end{bmatrix} \right\} \begin{bmatrix} \Delta I_\mathrm{d}(s) \\ \Delta I_\mathrm{q}(s) \end{bmatrix} \quad (2-2)$$

其中，ΔU_d 和 ΔU_q 分别表示 d 轴和 q 轴电压变化量，ΔI_d 和 ΔI_q 分别表示 d 轴和 q 轴电流变化量，$\boldsymbol{Z}_\mathrm{dq}(s)$ 为设备在同步旋转 dq 坐标系下的阻抗模型，z_dd、z_dq、z_qd 和 z_qq 分别为矩阵 $\boldsymbol{Z}_\mathrm{dq}(s)$ 中的元素。

在静止坐标系下，可采用谐波线性化方法推导设备的阻抗模型[64-65]。通过向设备端口注入小信号谐波电压扰动，根据设备结构和参数，推导出其输出的对应频率的谐波电流，从而得到谐波电压与谐波电流增量之间的关系，即阻抗模型。目前，风电场中大多采用变速恒频风电机组，由于锁相环等控制环节的非线性运算（如派克变换/反变换等），导致风电机组并网变流器具有频率耦合特性。例如，当在变流器端部电压上附加一个小扰动的次同步谐波电压分量时（假设频率为 f_s），变流器的输出电流中不仅会包含频率为 f_s 的次同步谐波电流分量，还通常会包含频率为 $2f_1-f_\mathrm{s}$（f_1 为工频）的超同步谐波电流分量，后者通过电网阻抗又会在机组端部产生该频率的超同步谐波电压分量。因此，在静止坐标系中建立了设备的频率耦合阻抗模型[66-69]，其可以表示为

$$\begin{bmatrix} \Delta U_\mathrm{s}(s) \\ \Delta U_\mathrm{c}^*(s) \end{bmatrix} = \left\{ \boldsymbol{Z}_\mathrm{abc}(s) = \begin{bmatrix} z_{11} & z_{12} \\ z_{21} & z_{22} \end{bmatrix} \right\} \begin{bmatrix} \Delta I_\mathrm{s}(s) \\ \Delta I_\mathrm{c}^*(s) \end{bmatrix} \quad (2-3)$$

其中，ΔU_s 和 ΔU_c 分别为设备端口次同步和超同步电压分量的变化量；ΔI_s 和 ΔI_c 分别为设备端口次同步和超同步电流分量的变化量；上标"*"表示取共轭；$\boldsymbol{Z}_\mathrm{abc}(s)$ 为静止坐标系下设备的频率耦合阻抗模型；z_{11}、z_{12}、z_{21} 和 z_{22} 分别为矩阵 $\boldsymbol{Z}_\mathrm{abc}(s)$ 中的元素，z_{11} 和 z_{22} 分别表示次和超同步分量的自阻抗，z_{12} 和 z_{21} 表示两个频率之间的耦合阻抗。

根据式（2-2），电力设备在同步旋转 dq 坐标系下可以用一个 2×2 阶的阻抗矩阵模型表示。根据式（2-3），电力设备在静止坐标系下也可以用一个 2×2 阶的频率耦合阻抗模型表示。实际上，这两种阻抗模型是可以相互转化的，计算公式参见文献 [70-71]。

除了上述通过机理推导方法得到设备的阻抗模型外，还可以通过基于小扰动注入的外特性辨识技术来获得阻抗模型[72-73]。其基本原理是，在设备端口处注入特定频率的扰动电压（或电流），同时测量并记录端口的电压和电流增量，通过阻抗辨识算法得到设备在各个频率点下的阻抗，再采用拟合等方法得到阻抗的解析表达式。考虑到在风电并网系统中，并网变流器等设备的内部控制结构和参数由于涉及商业机密一般不公开，即所谓的"黑/灰箱"化设备，这时便可以采用外特性辨识方法解决这一难题，这也是频域建模方法相较于时域建模方法的优势之一。

2. 全工况阻抗模型

目前的阻抗建模都是在某个稳态工作点下进行的，获得的是特定工况下的设备阻抗。考虑到变流器等设备的阻抗在不同工作点下差别较大，为了反映工作点对设备阻抗的影响，需要进一步建立设备的全工况阻抗模型。以并网变流器为例，当考虑工作点对变流器阻抗的影响时，变流器阻抗可以表示成频率和工作点的函数。若用变流器并网点工频电压相量 U_1 和电流相量 I_1 表征设备的稳态工作点，则变流器阻抗矩阵中的任一元素可以表示成[74]

$$z_{ij}(s) = F_{ij}(s, U_1, I_1), \quad i,j = 1,2 \quad (2\text{-}4)$$

根据文献 [74]，并网变流器的频率耦合导纳矩阵（阻抗矩阵的逆矩阵）可以写成包含模型参数和工况的通用表达式，即

$$\begin{cases} y_{ij} = \dfrac{\boldsymbol{x}^{\mathrm{T}} \boldsymbol{A}_{ij} \boldsymbol{x}}{\boldsymbol{x}^{\mathrm{T}} \boldsymbol{A}_0 \boldsymbol{x}}, & i,j=1,2 \\ \boldsymbol{x} = \begin{bmatrix} 1 & \boldsymbol{U}_1 & \boldsymbol{I}_1 & \boldsymbol{I}_1^* \end{bmatrix} \end{cases} \quad (2\text{-}5)$$

其中，y_{ij} 为频率耦合导纳矩阵的元素，$\boldsymbol{A}_{ij}$ 和 $\boldsymbol{A}_0$ 为四维模型参数方阵，均由控制结构和参数决定，与稳态工作点无关。

根据式（2-5），获得设备的全工况频率耦合阻抗模型的关键是求解模型

参数 A_{ij} 和 A_0。根据文献 [74]，对于"黑/灰箱"化设备，可以基于多组工况下的设备导纳测量数据来求解 A_{ij} 和 A_0。首先，采用频率扫描法，获得 10 组以上变流器在不同输出功率和并网点电压下的频率耦合导纳模型；其次，将各工作点下的导纳测量结果以及对应的并网点工频电压和电流相量代入式（2-5），通过构造一组齐次线性方程组求解模型参数；最后，将所求模型参数代入式（2-5），即可获得并网变流器的考虑稳态工作点的频率耦合导纳模型。对其求逆即为设备的全工况频率耦合阻抗模型。

需要注意的是，系统中某些设备的阻抗只与自身参数有关，与稳态工作点无关，如线路、变压器等。对于这类设备，其全工况频率耦合阻抗模型可以简化为频率耦合阻抗模型。

2.2.3 阻抗网络模型的传递函数矩阵

本小节首先推导 s 域节点导纳矩阵和回路阻抗矩阵的逆矩阵，可以分别视作将节点注入电流（节点电压）和回路添加电压（回路电流）作为输入（输出）量时系统的传递函数矩阵；其次，针对由频率耦合阻抗模型构成的阻抗网络模型，给出节点导纳矩阵和回路阻抗矩阵的扩展方法。

1. 传递函数矩阵

假设系统共有 N 个独立节点，L^b 条支路，对各节点和支路进行编号。网络任一支路由两个节点连接得到，构造支路集合 l^b，可表示为

$$l^b = \{(x_i, y_i), i = 1, 2, \cdots, L^b\} \quad (2-6)$$

其中，x_i 和 y_i 为连接第 i 条支路（支路 #i）的两个节点的节点编号，支路的方向为节点 x_i 指向节点 y_i，L^b 为网络总支路数。

由于后续需要分析回路电流，这里借助图论中"树"的概念，寻找网络的一组独立回路。根据树的定义，对于一个树，加入一个连支后，就会形成一个回路，称为基本回路，由各连支形成的全部基本回路即构成网络的一组独立回路[61]。将网络的一组独立回路进行编号，并构造回路集合 l，可表示为

$$l = \{(l_i^t, l_j^t, \cdots, l_k^t), t = 1, 2, \cdots, L\} \quad (2-7)$$

其中，l_i^t、l_j^t 和 l_k^t 为构成第 t 条回路（回路 #t）的若干条支路的支路编号，回路的方向与回路中单连支的支路方向一致；L 为网络独立回路数，$L=L^b-N$。

根据支路集合 l^b 和回路集合 l，可以建立网络的关联矩阵，用来描述阻抗网络的拓扑连接关系。关联矩阵包括节点－支路关联矩阵和回路－支路关联矩阵，分别记作 A 和 B。矩阵 A 的每一行和每一列分别对应一个节点和一条支路，矩阵中的元素表示了相应节点和支路的关联关系。矩阵 B 的每一行和每一列分别对应一条独立回路和一条支路，矩阵中的元素表示了相应回路和支路的关联关系[61]。

在数学上，可以用节点导纳矩阵 $Y(s)$ 和回路阻抗矩阵 $Z(s)$ 表示系统的阻抗网络模型，根据电路原理，可分别表示为[75]

$$Y(s) = AY_\mathrm{D}(s)A^\mathrm{T} \qquad (2\text{-}8)$$

$$Z(s) = BZ_\mathrm{D}(s)B^\mathrm{T} \qquad (2\text{-}9)$$

其中，A 和 B 分别为节点－支路关联矩阵和回路－支路关联矩阵，上标"T"表示矩阵转置；$Y_\mathrm{D}(s)$ 和 $Z_\mathrm{D}(s)$ 分别为支路导纳矩阵和支路阻抗矩阵，二者均为对角阵，其对角元素分别为各支路设备的导纳和阻抗。

基于节点导纳矩阵和回路阻抗矩阵，可以写出系统的节点电压方程和回路电流方程，可表示为

$$Y(s)U^\mathrm{n}(s) = I^\mathrm{n}(s) \qquad (2\text{-}10)$$

$$Z(s)I^\mathrm{l}(s) = U^\mathrm{l}(s) \qquad (2\text{-}11)$$

其中，$U^\mathrm{n}(s)$ 为节点电压向量，$I^\mathrm{n}(s)$ 为节点注入电流源的电流向量，$I^\mathrm{l}(s)$ 为回路电流向量，$U^\mathrm{l}(s)$ 为回路添加电压源的电压向量。

根据式（2-10），当将各节点的注入电流源和各节点电压分别作为阻抗网络的输入量和输出量时，网络的传递函数矩阵即为节点导纳矩阵的逆矩阵。同理，根据式（2-11），当将各回路的添加电压源和各回路电流分别作为阻抗网络的输入量和输出量时，网络的传递函数矩阵即为回路阻抗矩阵的逆矩阵。控制理论表明，当目标系统可观可控时，系统的传递函数矩阵包含了系

统全部振荡模式的信息。因此，节点导纳矩阵（或其逆矩阵）和回路阻抗矩阵（或其逆矩阵）可以用来刻画目标系统的小信号动态行为。

2. 扩展的传递函数矩阵

对于由频率耦合阻抗构成的阻抗网络模型，考虑到此时阻抗为二维矩阵形式，其与由一维阻抗构成的阻抗网络模型在求取传递函数矩阵时略有区别，需要建立扩展的节点导纳矩阵和回路阻抗矩阵，下面介绍这两个矩阵的建立过程。

① 构建扩展的节点-支路关联矩阵和回路-支路关联矩阵，分别记为 $\hat{A}$ 和 $\hat{B}$，其表达式分别为

$$\hat{A} = \begin{bmatrix} \begin{bmatrix} A(1,1) & 0 \\ 0 & A(1,1) \end{bmatrix} & \cdots & \begin{bmatrix} A(1,L^b) & 0 \\ 0 & A(1,L^b) \end{bmatrix} \\ \cdots & \cdots & \cdots \\ \begin{bmatrix} A(N,1) & 0 \\ 0 & A(N,1) \end{bmatrix} & \cdots & \begin{bmatrix} A(N,L^b) & 0 \\ 0 & A(N,L^b) \end{bmatrix} \end{bmatrix} \quad (2-12)$$

$$\hat{B} = \begin{bmatrix} \begin{bmatrix} B(1,1) & 0 \\ 0 & B(1,1) \end{bmatrix} & \cdots & \begin{bmatrix} B(1,L^b) & 0 \\ 0 & B(1,L^b) \end{bmatrix} \\ \cdots & \cdots & \cdots \\ \begin{bmatrix} B(L,1) & 0 \\ 0 & B(L,1) \end{bmatrix} & \cdots & \begin{bmatrix} B(L,L^b) & 0 \\ 0 & B(L,L^b) \end{bmatrix} \end{bmatrix} \quad (2-13)$$

其中，N 为网络独立节点数，L 为网络独立回路数，L^b 为网络支路数，三者满足 $L = L^b - N$；$A(i,j)$ 和 $B(i,j)$ 分别表示关联矩阵 A 和 B 中的第 i 行、第 j 列元素。

② 构建扩展的支路导纳矩阵和支路阻抗矩阵，分别记为 $\hat{Y}_D(s)$ 和 $\hat{Z}_D(s)$，它们均为对角阵，对角元素分别为各支路设备的导纳矩阵和阻抗矩阵，可表示为

$$\hat{Y}_D(s) = \begin{bmatrix} \begin{bmatrix} y_{11}^1 & y_{11}^1 \\ y_{21}^1 & y_{22}^1 \end{bmatrix} & 0 & 0 \\ 0 & \ddots & 0 \\ 0 & 0 & \begin{bmatrix} y_{11}^{L^b} & y_{12}^{L^b} \\ y_{21}^{L^b} & y_{22}^{L^b} \end{bmatrix} \end{bmatrix} \quad (2-14)$$

$$\hat{Z}_{\mathrm{D}}(s)=\begin{bmatrix} \begin{bmatrix} z_{11}^{1} & z_{11}^{1} \\ z_{21}^{1} & z_{22}^{1} \end{bmatrix} & 0 & 0 \\ 0 & \ddots & 0 \\ 0 & 0 & \begin{bmatrix} z_{11}^{L^{\mathrm{b}}} & z_{12}^{L^{\mathrm{b}}} \\ z_{21}^{L^{\mathrm{b}}} & z_{22}^{L^{\mathrm{b}}} \end{bmatrix} \end{bmatrix} \quad (2-15)$$

其中，$\begin{bmatrix} y_{11}^{i} & y_{12}^{i} \\ y_{21}^{i} & y_{22}^{i} \end{bmatrix}$ 和 $\begin{bmatrix} z_{11}^{i} & z_{11}^{i} \\ z_{21}^{i} & z_{22}^{i} \end{bmatrix}$ ($i=1, 2, \cdots, L^{\mathrm{b}}$) 分别为第 i 条支路的设备导纳矩阵和阻抗矩阵。

③ 将扩展的节点－支路关联矩阵 $\hat{A}$ 和支路导纳矩阵 $\hat{Y}_{\mathrm{D}}(s)$ 代入式（2-8），形成扩展的节点导纳矩阵，记为 $\hat{Y}(s)$；将扩展的回路－支路关联矩阵 $\hat{B}$ 和支路阻抗矩阵 $\hat{Z}_{\mathrm{D}}(s)$ 代入式（2-9），形成扩展的回路阻抗矩阵，记为 $\hat{Z}(s)$，$\hat{Y}(s)$ 和 $\hat{Z}(s)$ 分别可以表示为

$$\hat{Y}(s) = \hat{A}\hat{Y}_{\mathrm{D}}(s)\hat{A}^{\mathrm{T}} \quad (2-16)$$

$$\hat{Z}(s) = \hat{B}\hat{Z}_{\mathrm{D}}(s)\hat{B}^{\mathrm{T}} \quad (2-17)$$

根据式（2-16）和式（2-17），扩展的节点导纳矩阵和回路阻抗矩阵的阶数均为扩展前的 2 倍。根据式（2-10）和式（2-11），当分别将节点注入电流源（节点电压）作为阻抗网络的输入（输出）量和回路添加电压源（回路电流）作为阻抗网络的输入（输出）量时，$\hat{Y}(s)$ 和 $\hat{Z}(s)$ 的逆矩阵可以视为频率耦合阻抗网络模型的传递函数矩阵。

2.2.4 阻抗网络模型的特点

本小节从设备级建模和系统级建模两方面总结阻抗网络模型的特点。

1. 设备级建模

采用阻抗模型描述电力设备的小扰动动态特性，对于阻抗与稳态工作点密切相关的设备，建立其全工况阻抗模型。当系统运行方式改变时，只需将新的工作点代入设备的全工况阻抗模型，即可得到设备此时的阻抗，从而高效获取设备在不同工作点下的阻抗，使分析系统的全工况振荡稳定性成为可能。

在风电并网系统中，并网变流器等电力设备的内部控制结构和参数由于涉及商业机密一般不公开，即存在"黑/灰箱"化设备，此时传统的机理推导方法不再适用。而阻抗模型描述的是设备的输入输出特性，除了通过机理推导得到阻抗模型外，还可以采用外特性辨识方法获取设备的阻抗，从而解决"黑/灰箱"化设备建模难题。

2. 系统级建模

根据 KCL/KVL，将各设备阻抗根据系统的拓扑结构互联，得到整个系统的阻抗网络模型，保留了系统的拓扑信息，从而为分析振荡的空间分布特征和设备间的互动耦合作用奠定模型基础。

由于阻抗网络模型是基于设备间的拓扑连接关系而构成的，不涉及设备内部的状态变量，模型构造灵活。进一步，根据节点－支路（回路－支路）关联矩阵和支路导纳（阻抗）矩阵，形成阻抗网络的节点导纳矩阵和回路阻抗矩阵，它们的逆矩阵为网络的传递函数矩阵，矩阵建立方便。对于由频率耦合阻抗构成的阻抗网络模型，传递函数矩阵易于扩展，从而实现对拓扑结构复杂、多时间尺度耦合的大规模风电并网系统的高效建模。

在风电并网系统中，由于风速的不确定性，为了维持功率平衡、保证系统稳定运行，风电机组可能出现频繁的投/切操作，导致电网拓扑经常变化。阻抗网络模型通过风电机组阻抗的"接入"或"断开"可以方便模拟实际系统中风电机组或风电场的投入或退出，从而实现运行方式变化后系统阻抗网络模型的高效重构。

2.3 阻抗网络模型的聚合

大规模风电并网系统设备类型众多，网络拓扑复杂，系统阻抗网络的维数通常非常高。当仅需判断系统的振荡稳定性时，为了便于分析，可以将阻抗网络简化成一个聚合阻抗或导纳。本节首先给出聚合阻抗（导纳）的定义，其次推导其计算公式，最后指出为了使获得的聚合阻抗（导纳）能够完全表征系统的小扰动动态特性，需要选择合适的聚合端口。

2.3.1 聚合阻抗（导纳）的定义

阻抗网络的聚合阻抗为从任一节点向整个网络看进去的对地总阻抗，可以视作网络中由该节点和参考节点构成的网络端口的端口等效阻抗。如图 2-5(a) 所示，选取任一节点 #n 和参考节点构成网络端口，若在端口注入电流源激励 $I_n^n(s)$，测得端口电压为 $U_n^n(s)$，则端口的等效阻抗，即阻抗网络的聚合阻抗可以表示为

$$Z_n^\Sigma(s) = U_n^n(s)/I_n^n(s) \tag{2-18}$$

阻抗网络的聚合导纳为从任一支路打开向整个网络看进去的总导纳，可以视作网络中由该支路构成的网络端口的端口等效导纳。如图 2-5(b) 所示，将任一支路 #b 打开构成网络端口，若在端口添加电压源激励 $U_b^b(s)$，测得端口电流为 $I_b^b(s)$，则端口的等效导纳，即阻抗网络的聚合导纳可以表示为

$$Y_b^\Sigma(s) = I_b^b(s)/U_b^b(s) \tag{2-19}$$

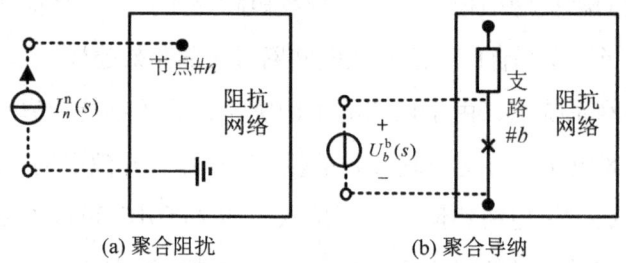

(a) 聚合阻抗　　(b) 聚合导纳

图 2-5　阻抗网络的聚合端口

当考虑设备的频率耦合特性时，若在节点 #n 构成的端口注入电流源激励，则端口电压和端口注入电流的关系可以表示为

$$\begin{bmatrix} U_{sn}^n(s) \\ U_{cn}^{n*}(s) \end{bmatrix} = \left\{ \boldsymbol{Z}_n^\Sigma(s) = \begin{bmatrix} z_{11}^\Sigma & z_{12}^\Sigma \\ z_{21}^\Sigma & z_{22}^\Sigma \end{bmatrix} \right\} \begin{bmatrix} I_{sn}^n(s) \\ I_{cn}^{n*}(s) \end{bmatrix} \tag{2-20}$$

其中，U_{sn}^n 和 U_{cn}^n 分别为节点 #n 构成的端口的次同步电压和超同步电压相量；I_{sn}^n 和 I_{cn}^n 分别为节点 #n 构成的端口的次同步电流和超同步电流相量；上标 "*" 表示共轭；$\boldsymbol{Z}_n^\Sigma$ 为该端口的等效阻抗矩阵，即网络的聚合阻抗矩阵；z_{ij}^Σ 为聚合阻抗矩阵的元素 (i=1, 2, j=1, 2)。

当考虑设备的频率耦合特性时，若在支路#b构成的端口添加电压源激励，则端口电流和端口添加电压的关系可以表示为

$$\begin{bmatrix} I_{sb}^{b}(s) \\ I_{cb}^{b*}(s) \end{bmatrix} = \left\{ \boldsymbol{Y}_b^{\Sigma}(s) = \begin{bmatrix} y_{11}^{\Sigma} & y_{12}^{\Sigma} \\ y_{21}^{\Sigma} & y_{22}^{\Sigma} \end{bmatrix} \right\} \begin{bmatrix} U_{sb}^{b}(s) \\ U_{cb}^{b*}(s) \end{bmatrix} \quad (2-21)$$

其中，I_{sb}^{b} 和 I_{cb}^{b} 分别为支路#b构成的端口的次同步电流和超同步电流相量；U_{sb}^{b} 和 U_{cb}^{b} 分别为支路#b构成的端口的次同步电压和超同步电压相量；$\boldsymbol{Y}_b^{\Sigma}$ 为该端口的等效导纳矩阵，即网络的聚合导纳矩阵；y_{ij}^{Σ} 为聚合导纳矩阵的元素（$i=1, 2, j=1, 2$）。

2.3.2 聚合阻抗（导纳）的计算公式

根据式（2-18），从某节点对阻抗网络进行聚合，获得的聚合阻抗等于该节点的自阻抗。根据电路原理，节点阻抗矩阵的对角元素表示对应节点的自阻抗，因此，从节点#n进行聚合得到的聚合阻抗可以表示为

$$Z_n^{\Sigma}(s) = Z^n(n, n) \quad (2-22)$$

其中

$$\boldsymbol{Z}^n(s) = \boldsymbol{Y}^{-1}(s) \quad (2-23)$$

$\boldsymbol{Z}^n(s)$ 为节点阻抗矩阵，$Z^n(n, n)$ 表示矩阵 $\boldsymbol{Z}^n(s)$ 的第 n 行第 n 列元素。

根据式（2-19），从某支路对阻抗网络进行聚合，得到的聚合导纳等于该支路的自导纳。类比节点导纳矩阵，回路阻抗矩阵 $\boldsymbol{Z}(s)$ 的逆矩阵的对角元素表示对应回路的自导纳。根据支路电流和回路电流的关系，从支路#b进行聚合得到的聚合导纳可以表示为

$$Y_b^{\Sigma}(s) = Y^b(b, b) \quad (2-24)$$

其中

$$\boldsymbol{Y}^b(s) = \boldsymbol{B}^{\mathrm{T}} \boldsymbol{Z}^{-1}(s) \boldsymbol{B} \quad (2-25)$$

$Y^b(b,b)$ 表示矩阵 $Y^b(s)$ 的第 b 行第 b 列元素，B 为回路 – 支路关联矩阵。

2.2.3 节推导了扩展节点导纳矩阵 $\hat{Y}$ 和回路阻抗矩阵 $\hat{Z}$，类比一维聚合阻抗和聚合导纳的计算公式，频率耦合阻抗网络的聚合阻抗 Z_n^Σ 和聚合导纳 Y_b^Σ 可以表示为

$$Z_n^\Sigma(s) = \begin{bmatrix} \hat{Z}^n(2n-1, 2n-1) & \hat{Z}^n(2n-1, 2n) \\ \hat{Z}^n(2n, 2n-1) & \hat{Z}^n(2n, 2n) \end{bmatrix} \quad (2-26)$$

$$Y_b^\Sigma(s) = \begin{bmatrix} \hat{Y}^b(2b-1, 2b-1) & \hat{Y}^b(2b-1, 2b) \\ \hat{Y}^b(2b, 2b-1) & \hat{Y}^b(2b, 2b) \end{bmatrix} \quad (2-27)$$

其中

$$\hat{Z}^n(s) = \hat{Y}^{-1}(s) \quad (2-28)$$

$$\hat{Y}^b(s) = \hat{B}^T \hat{Z}^{-1}(s) \hat{B} \quad (2-29)$$

$\hat{Z}^n(i,j)$ 和 $\hat{Y}^b(i,j)$ 分别表示矩阵 $\hat{Z}^n(s)$ 和 $\hat{Y}^b(s)$ 的第 i 行、第 j 列元素，$\hat{B}$ 为扩展的回路 – 支路关联矩阵。

根据聚合阻抗（矩阵）的定义式（2-18）和式（2-20），从某节点进行聚合得到的聚合阻抗（矩阵）可以视作，将该节点的节点注入电流和节点电压作为阻抗网络的输入和输出量时网络的传递函数（矩阵）。根据聚合导纳（矩阵）的定义式（2-19）和式（2-21），从某支路进行聚合得到的聚合导纳（矩阵）可以视作，将该支路的支路添加电压和支路电流作为阻抗网络的输入量和输出量时网络的传递函数（矩阵）。因此，通过求解聚合阻抗或聚合导纳的行列式极点，可以获得系统的模式。然而，当系统存在局部可观的模式时，若构成聚合端口的节点/支路对该模式不可观，则获得的聚合阻抗和导纳不能反映这个模式的动态特征。因此，选择合适的聚合端口对于阻抗网络的聚合效果至关重要。为此，第 3 章基于模式可观度指标提出了聚合判据和聚合指标，指导聚合端口的选择，从而使聚合阻抗和导纳能够完全表征系统的小扰动动态特性。

2.4 算例分析：冀北沽源风电并网系统的阻抗网络模型

2.4.1 冀北沽源风电并网系统描述

河北省北部沽源地区（简称冀北沽源）分布有 20 多座风电场，绝大多数风电场安装的是双馈型风电机组。风电场并网容量超过 3 000 MW，而区内负荷不到 20 MW，是典型的风电送出系统。这些不同风电场发出的电能，首先经辐射状的网络输送到义缘、白龙山、察北 3 个 220 kV 变电站。这些风电，加上沽源变电站附近风电场发出的电能，一同汇集到 500 kV 沽源变电站，然后经汗海－沽源同塔双回线路和沽源－太平同塔双回线路分别送入内蒙古电网和华北电网。其中，汗海－沽源双线和沽源－太平双线分别装有串补度为 40% 和 45% 的固定串补[10]。

自 2010 年 10 月沽源变电站 4 套固定串补投运以后，系统多次发生 3～10 Hz 的次同步振荡事故。风电机组和汇集线路上出现大幅次同步频率的功率振荡，引起大量风电机组脱网，造成设备损害，威胁电网的运行安全。文献 [13] 从电路阻抗角度揭示了次同步振荡的振荡机理。双馈型风电机组构成的风电场在次同步频率下可以等效为负电阻与电感的串联组合，而输电系统可以等效为一条带串补的输电线路，即电阻、电感和电容的串联。可见，整体系统构成了"电阻－电感－电容"振荡电路。在某种系统工况下，当双馈风电场的负电阻抵消掉输电系统的正电阻时，该系统将会出现电气参数振荡，这就解释了冀北沽源风电场发生次同步振荡的原因。双馈型风电机组构成的风电场对外体现为负电阻特性，即表现为"电源特性"，说明风电场向外电网注入次同步频率的振荡功率，是振荡源。

考虑到实际系统的拓扑结构较为复杂，为了简化分析且不失一般性，对于 220 kV 风电汇集系统，将地理位置相邻的多个风电场聚合成一个聚合风电场，一共得到 6 个聚合风电场。沽源变电站附近的风电场，根据地理位置划分为 3 个聚合风电场，分别称作九龙泉聚合风电场、莲花滩聚合风电场（包括莲花滩、桦树岭、秋林风电场）和恒泰聚合风电场（包括恒泰、冰峰风电场）。义缘、白龙山、察北 3 个变电站附近的风电场分别组成 3 个聚合风电场，分别称作义缘聚合风电场、白龙山聚合风电场和察北聚合风电场。各聚合风电场的装机容量由实际风电场装机容量相加得到，其内部所有的风电机组均通过箱式变压器连接于同一条母线上。各聚合风电场间通过传输线路连接。对于 500 kV 电力网络，仅保留沽源变电站两台 500 kV 主变及 4 条串补线路，将外部电网分别在汗海变电站和太平变电站等效为内蒙古电网和华北电网，两个电网之间的其余联络线等效为一条输电线路。

2.4.2 设备的阻抗模型

1. 双馈型风电机组

鉴于冀北沽源风电并网系统绝大多数风电场安装的是双馈型风电机组，这里假设各聚合风电场安装的都是同类型的双馈型风电机组。风电机组的阻抗与稳态工作点有关，选取实际系统的某个典型运行方式，如表2-1所列，表中同时列出了该运行方式下各聚合风电场单台机组的稳态工作点，下面推导风电机组在各自工作点下的阻抗模型。

表 2-1 典型运行方式及各聚合风电场的稳态工作点

风电场	风速/(m·s^{-1})	并网风机台数	电压幅值/pu	电压相角/°	有功功率/pu	无功功率/pu
九龙泉	5	167	1	2.56	0.11	−0.08
恒泰	5	132	1	2.36	0.11	−0.09
莲花滩	5	100	1	2.09	0.11	−0.15
义缘	5	669	1	7.82	0.11	−0.01
察北	5	298	1	7.16	0.11	−0.02
白龙山	5	256	1	7.21	0.11	0

在同步旋转 dq 坐标系下，分别建立风电机组中风力机、异步发电机、机械轴系统、转子侧变流器和网侧变流器等环节的小信号状态方程，并将其联立，得到整体系统的小信号状态方程。其中，转子侧变流器和网侧变流器均考虑了锁相环、内环和外环控制在内的全阶控制系统。将时域方程进行拉普拉斯变换，以风电机组的机端电流为输入变量，以机端电压为输出变量，得到风电机组在同步旋转 dq 坐标系下的阻抗矩阵模型，可表示为

$$Z_{\text{DFIG}}(s) = \begin{bmatrix} Z_{\text{dd}}(s) & Z_{\text{dq}}(s) \\ Z_{\text{qd}}(s) & Z_{\text{qq}}(s) \end{bmatrix} \quad (2-30)$$

其中，$Z_{\text{dd}}(s)$、$Z_{\text{dq}}(s)$、$Z_{\text{qd}}(s)$ 和 $Z_{\text{qq}}(s)$ 为风电机组阻抗矩阵的4个元素。

根据静止 abc 坐标系与同步旋转 dq 坐标系下阻抗模型的转换公式，进一步得到静止 abc 坐标下的风电机组阻抗矩阵。由于双馈型风电机组的频率耦合效应不显著，为了便于后续且不失一般性，这里只考虑机组的正序阻抗，可表示为

$$Z_{\text{DFIG}}(s) = [(z_{\text{dd}} + z_{\text{qq}}) + \text{j}(z_{\text{qd}} - z_{\text{dq}})]/2 \quad (2-31)$$

根据式（2-31）得到的双馈型风电机组的阻抗模型是27阶分式多项式。聚合风电场的阻抗等于单台机组的阻抗除以聚合风电场的并网风机台数。由于阻抗模型的阶数较高，不便于展开解析多项式，令 $s = \text{j}\omega$（ω 为角频率），并代入解析表达式（2-31），可得到各个频率点下的阻抗数值解，绘出阻抗的频率特性曲线。图2-6为九龙泉、恒泰和莲花滩3个聚合风电场的阻抗频率特性曲线，图2-7为乂缘、察北和白龙山3个聚合风电场的阻抗频率特性曲线。

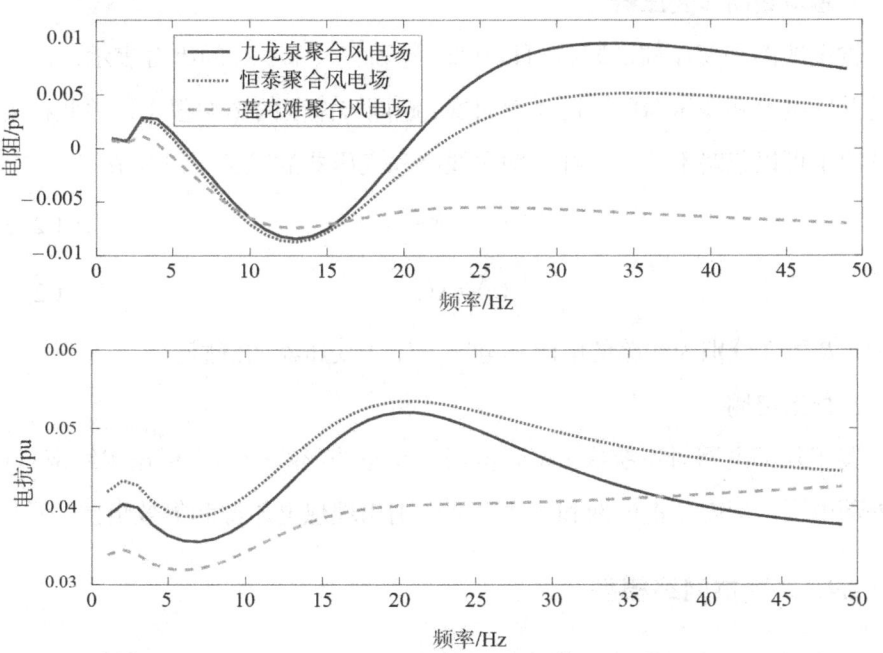

图2-6 九龙泉、恒泰、莲花滩聚合风电场阻抗的频率特性曲线

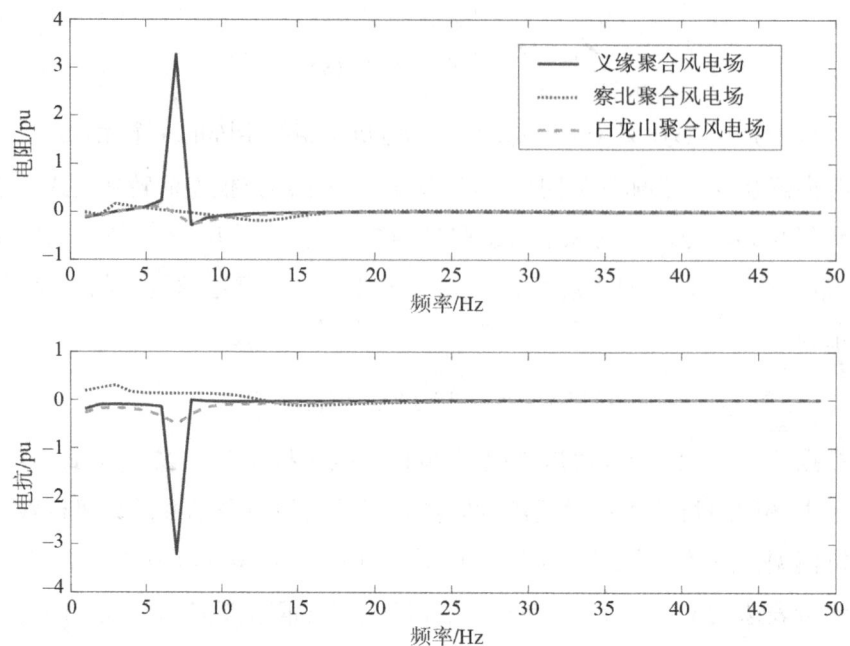

图 2-7 义缘、察北、白龙山聚合风电场阻抗的频率特性曲线

2. 输电线路和变压器

输电线路和变压器的阻抗可以用集总元件 R、L、C 的组合表示,由于线路的并联电容和变压器的励磁电感对次/超同步振荡的影响很小,因此在大多数情况下可以忽略不计。这样,输电线路和变压器的阻抗可以写成

$$Z_L(s) = R + sL \tag{2-32}$$

$$Z_F(s) = sL_F \tag{2-33}$$

其中,R 和 L 分别为线路的电阻和电感,L_F 为变压器的漏感。

3. 外部电网

鉴于外部电网对系统次/超同步振荡动态的影响较小,根据戴维南定理,将外部电网,即内蒙古电网和华北电网分别用理想电压源和等效阻抗表示。

2.4.3 阻抗网络模型

根据简化的系统拓扑,将系统各设备阻抗进行连接,得到实际系统的阻抗网络，如图2-8所示。其中，Z_{WJLQ}、Z_{WHT}、Z_{WLHT}、Z_{WYY}、Z_{WCB}和Z_{WBLS}分别表示各聚合风电场的阻抗，Z_{GY}表示沽源变电站阻抗，Z_{GY-HH}和Z_{GY-TP}表示两条串补线路的阻抗，Z_{S1}和Z_{S2}分别表示内蒙古电网和华北电网的等效阻抗，Z_{xx-xx}表示两地之间传输线路的阻抗。

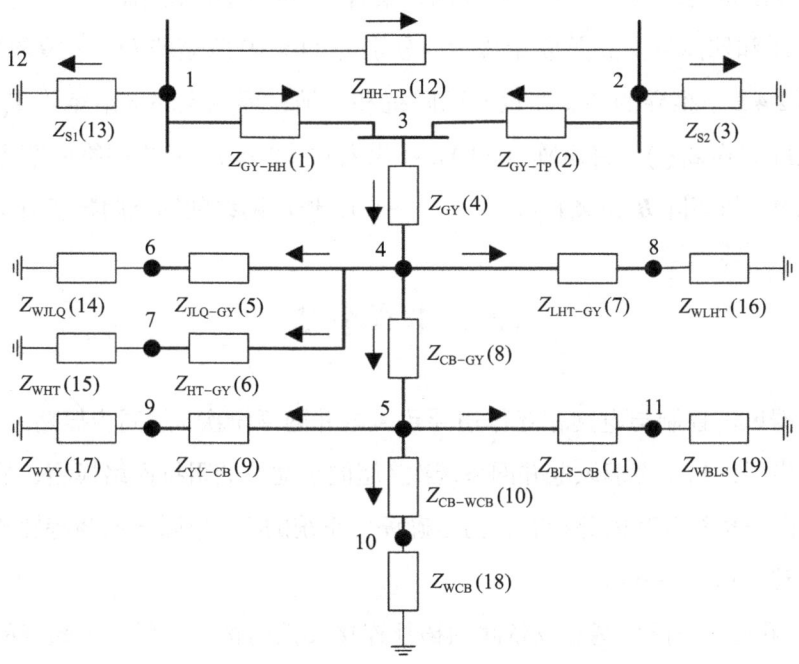

图2-8 冀北沽源风电并网系统的阻抗网络模型

根据图2-8，阻抗网络共有12个节点（大地节点为参考节点）和19条支路（每个阻抗对应一条支路），各节点和支路的编号均已在图中标出，其中支路编号标注在支路阻抗右边，箭头表示支路方向。构造网络的支路集合l^b，可表示为

$$l^b=\{(1,3),(2,3),(2,12),(3,4),(4,6),(4,7),\\(4,8),(4,5),(5,9),(5,10),(5,11),(1,2),(1,12),\\(6,12),(7,12),(8,12),(9,12),(10,12),(11,12)\}$$ （2-34）

得到阻抗网络的一个树T，其由11条支路构成，如图2-8中粗实线所示，表示为$T=\{l_1^b,l_2^b,l_3^b,l_4^b,l_5^b,l_6^b,l_7^b,l_8^b,l_9^b,l_{10}^b,l_{11}^b\}$。根据选择的树，可以得到网络的一组独立回路，可表示为

$$l=\{(l_1^b, l_2^b, l_{12}^b), (l_1^b, l_2^b, l_3^b, l_{13}^b), (l_2^b, l_3^b, l_4^b, l_5^b, l_{14}^b),$$
$$(l_2^b, l_3^b, l_4^b, l_6^b, l_{15}^b), (l_2^b, l_3^b, l_4^b, l_7^b, l_{16}^b), (l_2^b, l_3^b, l_4^b, l_8^b, l_9^b, l_{17}^b), \qquad (2\text{-}35)$$
$$(l_2^b, l_3^b, l_4^b, l_8^b, l_{10}^b, l_{18}^b), (l_2^b, l_3^b, l_4^b, l_8^b, l_{11}^b, l_{19}^b)\}$$

其中，l_j^b 表示支路集合 l^b 中第 j 个元素，即支路 #j。

根据阻抗网络的支路集合 l^b 和回路集合 l，可以形成网络的节点–支路关联矩阵 A 和回路–支路关联矩阵 B，分别为 11×19 阶矩阵和 8×19 阶矩阵。再根据 2.4.2 节推导的各支路设备的阻抗和导纳，形成支路导纳矩阵 $Y_D(s)$ 和支路阻抗矩阵 $Z_D(s)$。将矩阵 A 和 $Y_D(s)$ 代入式（2-8），形成网络的节点导纳矩阵 $Y(s)$，将矩阵 B 和 $Z_D(s)$ 代入式（2-9），形成网络的回路阻抗矩阵 $Z(s)$。

2.5　本章小结

根据风电控制与电网相互作用导致风电并网系统次/超同步振荡的机理，本章提出了刻画大规模风电并网系统次/超同步动态的阻抗网络模型，能够反映复杂网络拓扑及其内部动态，为准确评估系统的次/超同步振荡特性奠定了模型基础。总结如下：

① 阻抗网络模型基于设备间的拓扑连接关系而构成，保留了系统的完整拓扑信息，从而使分析振荡的空间分布和设备间的相互作用成为可能。通过风电机组阻抗的"接入"或"断开"可以方便地模拟实际系统中风电机组的投入或退出，从而实现运行方式变化后系统阻抗网络模型的高效重构。

② 通过节点导纳矩阵和回路阻抗矩阵构造网络的传递函数矩阵，矩阵建立方便。对于由频率耦合阻抗构成的阻抗网络模型，传递函数矩阵易于扩展，适合具有多时间尺度动态耦合特性的风电并网系统。

③ 当仅需评估系统的振荡风险时，可以将实际复杂系统的高维阻抗网络在网络某端口处进行聚合，用一个聚合阻抗（导纳）表征系统的小扰动动态行为，根据简化的模型可以快速定位系统的主导振荡模式，进而判断系统的振荡稳定性。

第3章 风电并网系统的频域模式分析方法

风电机组变流器控制参与的新型次/超同步振荡涉及多种设备的动态相互作用，且振荡功率会在系统内大范围传播。为了抑制这类新型次同步振荡，需要深入研究其振荡特性，包括振荡的稳定性、分布特性和振荡的影响区域及传播路径等。这对开展振荡的防控工作，提高系统稳定性具有重要意义。

特征值分析法是研究传统电力系统振荡问题的主要方法。由于大规模风电并网系统维数高，且存在"黑/灰箱"化设备，导致建立系统详细的状态空间模型存在困难，而且求解特征根过程中容易产生"维数灾"问题。为了克服上述难点，大量研究工作转而在频域中开展，其中基于阻抗模型的分析方法被广泛采用。现有的基于阻抗模型的分析方法大多将系统划分为源/荷子系统，分别用等效阻抗表示[27,44-49]，然后采用Nyquist判据判断系统的稳定性。由于建模中对系统拓扑的简化，该方法只能粗略判断系统的振荡稳定性，难以获得振荡的空间分布以及各设备对振荡的参与度等信息。特别地，当系统存在局部模式时，由于各子系统分别由简化的等效阻抗表示，分析时可能会遗漏这些振荡模式的信息。

针对上述问题，本章提出了可以量化振荡空间分布特征和设备间相互作用关系的频域模式分析方法。首先，通过求解s域节点导纳矩阵或回路阻抗矩阵的行列式零点，获取系统的振荡模式。当系统维数较高时，可以采取频率分段技术有效降低模型阶数，避免"维数灾"问题。特别地，当仅需关注主导振荡模式时，可以直接通过频率响应曲线的过零点或峰值点定位所关注模式。其次，建立节点/回路参与因子、设备灵敏度、支路可观度等频域量化指标，用来反映振荡的中心位置和影响区域、振荡电流的空间分布规律以及不同设备对振荡的影响程度等，从而从不同角度刻画风电并网系统次/超同步振荡特性，为振荡的高效抑制提供指导。最后，根据上述量化指标，提出基于模式可观度的阻抗网络聚合理论和基于节点关键度的次同步相量测量装置优化配置方法，为阻抗网络的空间聚合和测量装置的最优选址提供理论依据。

本章 3.1 节介绍了基于阻抗网络模型的振荡模式获取方法；3.2 节建立了节点/回路参与因子、设备灵敏度等频域量化指标，并通过节点导纳矩阵和回路阻抗矩阵推导了所提指标的计算公式；3.3 节给出了频域量化指标在网络聚合和动态监测中的应用；3.4 节将所提方法运用到实际风电并网系统，通过电磁暂态仿真对分析结果进行了验证；3.5 节对本章内容进行了小结。

3.1 振荡模式的获取方法

频域模式分析方法的目的是获取系统的振荡模式，并深入分析模式的振荡特性，从而为系统的动态监测和振荡抑制提供理论依据。本节基于系统的阻抗网络模型，提出多种振荡模式获取方法。一方面，可以通过求解 s 域节点导纳矩阵或回路阻抗矩阵行列式的零点，得到系统的全部振荡模式；另一方面，也可以通过聚合阻抗的频率特性或模态阻抗的幅频响应直接定位系统的主导振荡模式。

3.1.1 全部振荡模式的求取

在特征值分析中，通过求取状态空间矩阵的特征根，获得系统的振荡模式。根据 2.2.3 节所述，s 域节点导纳矩阵 $Y(s)$ 和回路阻抗矩阵 $Z(s)$ 的逆矩阵为系统的传递函数矩阵，因此它们的行列式为系统的特征多项式[76-78]。根据控制原理[21]，特征多项式的零点对应系统的特征根，因此，通过求取 $Y(s)$ 或 $Z(s)$ 的行列式的零点，可以得到系统的振荡模式，即

$$\det[Y(s)] = 0, \quad \det[Z(s)] = 0 \qquad (3-1)$$

其中，$\det()$ 表示矩阵的行列式。

$Y(s)$ 和 $Z(s)$ 的行列式是一个分式多项式，求取分式多项式的零点等价于

求取分子多项式的零点，将分式多项式的分子多项式记为 $P(s)$，写成

$$P(s) = a_0 s^n - a_1 s^{n-1} - a_2 s^{n-2} - \cdots - a_{n-1} s - a_n \quad （3-2）$$

其中，n 为分子多项式的阶数，a_h（$h=0, 1, 2, \cdots, n$）为多项式的系数。

对风电机组建模时，需要考虑机组的全阶控制系统（包括锁相环、控制内环和控制外环），机组的阻抗模型阶数通常较高，并且由于单台机组的容量小，实际风电并网系统包含大量风电机组，因此风电并网系统的特征多项式为高阶多项式。目前已提出多种方法用于求解高阶多项式的零点，例如牛顿-拉斐逊方法[79]、选择性模态分析[80]和 QR 分解方法[81-82]等。考虑到 QR 分解法具有鲁棒性好、收敛速度快的优点，这里采用 QR 分解法进行求解。首先列出分子多项式 $P(s)$ 的友矩阵 C，其表达式为

$$C = \begin{pmatrix} a_1/a_0 & a_2/a_0 & a_3/a_0 & \cdots & a_{n-1}/a_0 & a_n/a_0 \\ 1 & 0 & 0 & \cdots & 0 & 0 \\ 0 & 1 & 0 & \cdots & 0 & 0 \\ \vdots & \vdots & \vdots & \ddots & \vdots & \vdots \\ 0 & 0 & 0 & \cdots & 1 & 0 \end{pmatrix} \quad （3-3）$$

根据友矩阵的性质，一个多项式的友矩阵的特征根等于该多项式的零点[83]，因此，通过 QR 分解法求解矩阵 C 的特征根后，即获得了 $P(s)$ 的零点。每一对共轭复数零点代表系统的一个振荡模式，记作 $s_m = \sigma_m \pm j\omega_m$，它的振荡阻尼比和振荡频率分别为

$$\xi_m = -\frac{\sigma_m}{\sqrt{\sigma_m^2 + \omega_m^2}}, \quad f_m = \frac{\omega_m}{2\pi} \quad （3-4）$$

如果 $\sigma m > 0$ 或者 $\xi m < 0$，则表示相应的振荡模式是不稳定的。对一个系统而言，其受到扰动后的动态行为主要由负阻尼或弱阻尼的振荡模式决定。因此，可以将阻尼比为负数或者接近于零的振荡模式作为系统的主导振荡模式，后续将重点分析主导振荡模式的振荡特性。

一般而言，QR 分解法适用于千阶以下的系统。对于更高阶的系统，可以利用频域方法的优势，采用频率分段技术进行求解。将系统分为若干个频段，就每个频段而言，由于忽略了偏离这个频段的系统动态，因此该频段的阶数

会降低，此时可以使用 QR 分解法得到该频段的模式。综合各频段的解，可以获得整个系统的模式。

3.1.2 主导振荡模式的求解

通过求解 s 域节点导纳矩阵和回路阻抗矩阵行列式的零点，虽然可以获取系统的全部振荡模式，但是计算量较大。当仅需关注系统的主导振荡模式时，可以将阻抗网络进行聚合，根据聚合阻抗频率特性曲线的过零点来定位系统的主导振荡模式，具体求解方法将在 4.2.1 节详细说明。

除此之外，文献 [84] 和文献 [85] 提出了峰值法，将节点导纳矩阵特征值的倒数称为模态阻抗，考虑到谐振/振荡现象是由于节点导纳矩阵的奇异性造成的 [41]，因此根据模态阻抗的幅频响应曲线的峰值点，可以确定系统的振荡频率。文献 [84] 进一步根据模态阻抗的 Nyquist 曲线，提出圆拟合法，能够准确评估振荡阻尼。

上述方法充分利用了频域分析的优势，只需通过频率特性或者幅频响应曲线即可获得系统的振荡模式，避免了求解高阶多项式零点或高维矩阵特征值产生的大量计算，可以快速得到实际大规模复杂系统的主导振荡模式。

3.2 频域量化指标

本节建立了若干频域量化指标来刻画风电并网系统次/超同步振荡特性，包括节点/回路参与因子、设备（参数）灵敏度和支路可观度等。首先，给出各个量化指标的含义和计算公式；其次，以一个四阶无源电路为例，比较电路分析、频域模式分析以及特征值分析 3 种方法的计算结果；最后，总结采用频域模式分析方法研究大规模风电并网系统次/超同步振荡问题的优势。

3.2.1 节点/回路参与因子

节点/回路参与因子用来衡量节点/回路对振荡模式的参与度，包括可控度和可观度两个维度，分别考察节点/回路对振荡模式的激励作用和观测效果。根据可控度，可以知道哪些地方出现扰动容易引发振荡，从而有助于定位振荡源；根据可观度，可以获得振荡电压的空间分布规律，从而指导振荡的动态监测工作。本小节首先基于阻抗网络的输入－输出特性给出节点/回路参与因子的定义，其次，根据 s 域节点导纳矩阵和回路阻抗矩阵推导上述指标的计算公式。

1. 节点参与因子的定义

节点参与因子是可控度和可观度的组合度量。为了给出节点参与因子的定义，需要首先阐明节点对模式的可控度和可观度的概念，其次综合二者得到节点参与因子。

假设网络存在 M 个振荡模式，记作 $s_m = \sigma_m \pm j\omega_m$，其中，$\sigma_m$ 和 ω_m 分别为振荡模式 s_m 的振荡频率和振荡阻尼。在阻抗网络某一节点 #n 施加单位脉冲电流激励，任一节点 #j 的节点电压可以表示为

$$u_{jn}^{n}(t) = \sum_{m=1}^{M} K_{jn}^{m} e^{-\sigma_m t} \sin(\omega_m t + \varphi_m) \tag{3-5}$$

其中，u_{jn}^{n} ($j, n=1, 2, \cdots, N$) 为网络各节点的节点电压瞬时值，下标的字母分别表示观测和激励节点；K_{jn}^{m} 为节点电压 u_{jn}^{n} 中第 m 个振荡模式 s_m($m=1, 2, \cdots, M$) 的初始振荡幅值；φ_m 为振荡模式 s_m 的初始相位；N 为网络总节点数。

根据式（3-5），节点电压由网络包含的各振荡模式的电压分量构成。一个振荡模式由 3 个要素决定，分别为振荡频率、振荡阻尼和振荡幅值。其中，振荡频率和振荡阻尼由网络自身结构和参数决定，与外界激励无关；振荡模式的初始振荡幅值则与激励节点和观测节点有关，可以用来反映不同节点对振荡模式的可控度和可观度。

对任一振荡模式 s_m 而言，对某个节点施加电流激励，激发出的模式的振荡幅值反映了节点对该模式的可激励程度，即可控程度，为此提出了节点对模式的可控度指标，可表示为

$$c_{nm}^{n} = K_{jn}^{m} \bigg/ \sum_{n=1}^{N} K_{jn}^{m} \tag{3-6}$$

其中，c_{nm}^{n} ($n=1, 2, \cdots, N$, $m=1, 2, \cdots, M$) 表示节点 #n 对振荡模式 s_m 的可控度。

根据式（3-6），网络各节点对同一模式的可控度之和为 1，即 $\sum_{n=1}^{N} c_{nm}^{n} = 1$。

需要说明的是，各节点对模式的可控度与观测节点无关，无论选择网络中哪个节点作为式（3-6）中的观测节点 #j，节点对模式的可控度不变。这一点将在下面节点参与因子的计算公式推导时证明。

对任一振荡模式 s_m 而言，各节点电压中模式的初始振荡幅值可以反映出节点对该模式的可观程度，为此提出了节点对模式的可观度指标，可表示为

$$o_{jm}^{n} = K_{jn}^{m} \bigg/ \sum_{j=1}^{N} K_{jn}^{m} \qquad (3-7)$$

其中，o_{jm}^{n}（$j=1, 2, \cdots, N$；$m=1, 2, \cdots, M$）表示节点 #j 对振荡模式 s_m 的可观度。根据式（3-7），网络各节点对同一模式的可观度之和为 1，即 $\sum_{j=1}^{N} o_{jm}^{n} = 1$。

同理，各节点对模式的可观度与激励节点无关，无论选择网络中哪个节点作为式（3-7）中的激励节点 #n，节点对模式的可观度不变，这一点将在下面节点参与因子的计算公式推导时证明。

为了更直观地解释节点对振荡模式可控度和可观度的概念，以图 3-1(a) 所示的阻抗网络为例进行说明。该阻抗网络包括 2 个节点和 3 条支路，各支路的阻抗随机选取。分别在节点 1 和节点 2 注入单位脉冲电流激励后，网络各节点电压如图 3-1(b) 所示，其中，u_{jn}（$j, n=1, 2$）下标的字母分别表示观测节点和激励节点。网络共包含 2 个振荡模式，记为 s_1 和 s_2。为了衡量节点对各振荡模式的可观度，提取节点电压中各振荡模式分量（这里选取节点 #1 作为激励节点，可观度与激励节点无关），结果如图 3-1(c) 和图 3-1(d) 所示。可以看出，u_{11} 中振荡模式 s_1 的初始振荡幅值大于 u_{21}，而 u_{11} 中振荡模式 s_2 的初始振荡幅值小于 u_{21}。因此，节点 1 对振荡模式 s_1 的可观度大于节点 2，节点 1 对振荡模式 s_2 的可观度小于节点 2。为了衡量节点对各振荡模式的可控度，提取在不同节点电流激励下，节点电压中各振荡模式分量（这里选取节点 #2 作为观测节点，可控度与观测节点无关），结果如图 3-1(e) 和图 3-1(f) 所示。可以看出，u_{21} 中振荡模式 s_1 的初始振荡幅值大于 u_{22}，而 u_{21} 中振荡模式 s_2 的初始振荡幅值小于 u_{22}。因此，节点 1 对振荡模式 s_1 的可控度大于节点 2，

节点 1 对振荡模式 s_2 的可控度小于节点 2。可以发现，对任一振荡模式而言，对该模式可控度高和可观度高的节点为同一节点。

将节点参与因子定义为节点对模式的可控度和可观度的乘积，并将其归一化，则表达式为

$$P_{nm}^n = (o_{nm}^n \cdot c_{nm}^n) \Big/ \sum_{n=1}^{N}(o_{nm}^n \cdot c_{nm}^n) \qquad (3-8)$$

其中，P_{nm}^n 表示节点 #n 对第 m 个振荡模式 s_m 的参与因子。

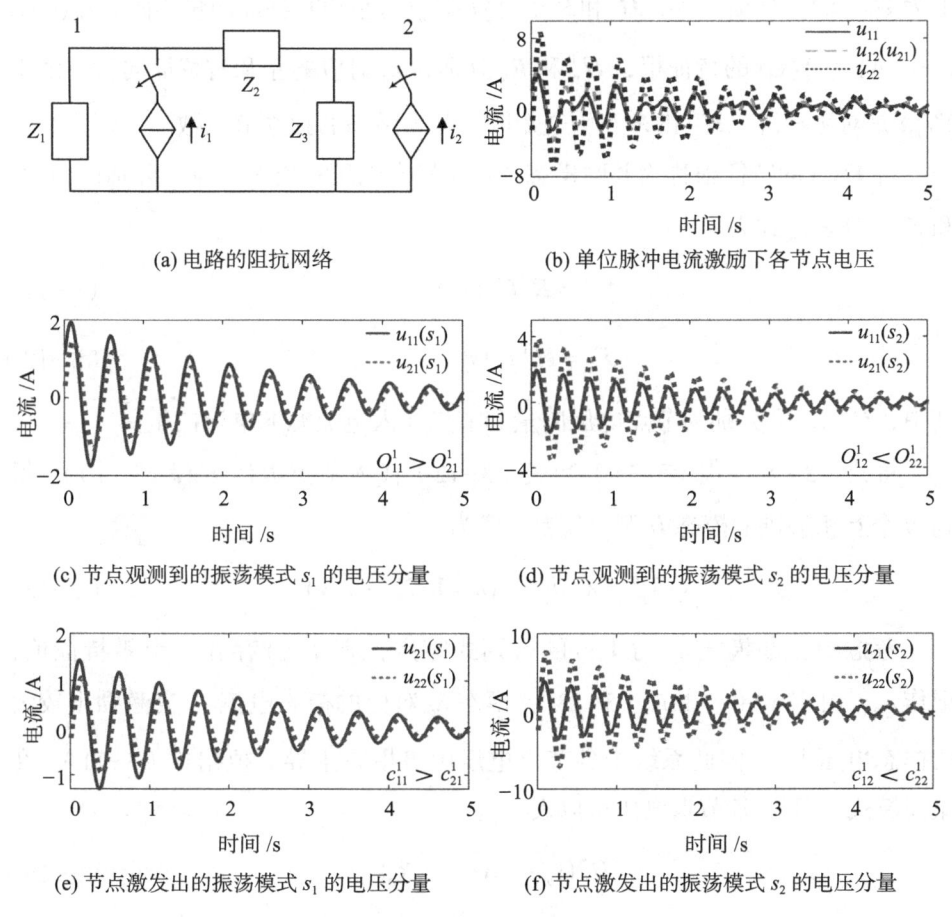

(a) 电路的阻抗网络　　　　　(b) 单位脉冲电流激励下各节点电压

(c) 节点观测到的振荡模式 s_1 的电压分量　　(d) 节点观测到的振荡模式 s_2 的电压分量

(e) 节点激发出的振荡模式 s_1 的电压分量　　(f) 节点激发出的振荡模式 s_2 的电压分量

图 3-1　节点对模式的可观度与可控度

2. 节点参与因子的计算公式

以振荡模式 s_m 为例，推导节点对该模式的参与因子。将振荡模式 s_m 代入阻抗网络的节点导纳矩阵，记为 $Y(s_m)$。由于 $Y(s_m)$ 是对称矩阵，则可将其对

角化，得[86]

$$Y(s_m) = R\Lambda H^T \quad (3-9)$$

其中

$$\Lambda^n = \text{diag}(\lambda_1, \lambda_2, \cdots, \lambda_N)$$
$$R = [R_1 \quad R_2 \quad \cdots \quad R_N] \quad (3-10)$$
$$H = [H_1 \quad H_2 \quad \cdots \quad H_N]$$

Λ^n 为 $Y(s_m)$ 的特征根矩阵，H^T 和 R 分别为 $Y(s_m)$ 的左和右特征向量矩阵，λ_n ($n=1, 2, \cdots, N$) 为 $Y(s_m)$ 的特征根，H_n^T 和 R_n 分别为 λ_n 对应的左和右特征向量。由于 $Y(s_m)$ 是对称矩阵，H^T 和 R 互为逆矩阵，N 为网络的独立节点数。

将 $Y(s_m)$ 的特征根称为并联模态，定义模态电压和模态电流，分别记为 V^n 和 J^n，其表达式为

$$V^n = R^{-1}U^n(s_m) \quad (3-11)$$

$$J^n = H^T I^n(s_m) \quad (3-12)$$

其中，U^n 和 I^n 分别为节点电压向量和节点注入电流源的电流向量。

将式（3-9）、式（3-11）和式（3-12）代入节点电压方程（2-10），得到 N 个互相解耦的模态方程，其表达式为

$$V_n^n = \lambda_n^{-1} J_n^n \quad (n=1, 2, \cdots, N) \quad (3-13)$$

考虑到振荡模式 s_m 为 $Y(s)$ 的行列式零点，则 $Y(s_m)$ 存在一个零特征值，记作 λ_p。由于 $\lambda_p=0$，由式（3-13），模态 λ_p 对应的模态电流 J_p^n 会激励出较大的模态电压 V_p^n，因此系统中各节点电压由该模态主导。根据式（3-11），在振荡模式 s_m 下，各节点电压可以表示为

$$U^n(s_m) = RV^n \approx R_p V_p^n \quad (3-14)$$

对网络某一节点 #n 施加单位脉冲电流激励，即令 $I_n^n(s_m) = 1$，$I_i^n(s_m) = 0$ ($i \neq n$)，根据式（3-12），模态 λ_p 对应的模态电流可以表示为

$$J_p^n = H_p^T I^n(s) = H_{pn} \quad (3-15)$$

将式（3-13）和式（3-15）代入式（3-14），对网络某一节点 #n 施加单

位脉冲电流激励，在振荡模式 s_m 下，任一节点 #j 的节点电压可以表示为

$$U_{jn}^n(s_m) \approx \lambda_p^{-1} R_{jp} H_{pn} \qquad (3-16)$$

根据式（3-16），节点 #j 的节点电压中振荡模式 s_m 的初始振荡幅值可以表示为

$$K_{jn}^n = [U_{jn}^n(s)(s-s_m)]_{s=s_m} \approx a_1 |R_{jp} H_{pn}| \qquad (3-17)$$

其中，a_1 为系数，| | 表示求取复数的模。

将式（3-17）代入式（3-6），可以计算出各节点对振荡模式 s_m 的可控度，可表示为

$$c_{nm}^n = |H_{pn}| \Big/ \sum_{n=1}^{N} |H_{pn}| \qquad (3-18)$$

将式（3-17）代入式（3-7），可以计算出各节点对振荡模式 s_m 的可观度，可表示为

$$o_{nm}^n = |R_{np}| \Big/ \sum_{n=1}^{N} |R_{np}| \qquad (3-19)$$

根据式（3-17），当对某个节点施加激励时，选择不同的节点作为观测节点，观测到的振荡模式的振荡幅值是不同的。但由于节点对模式的可控度衡量的是各节点激发的振荡幅值占比，因此无论选择哪个节点作为观测节点，各节点的可控度是不变的，如式（3-18）所示，其仅由节点导纳矩阵零特征值的左特征向量决定。同样，当选择不同节点施加激励时，某一节点观测到的振荡模式的振荡幅值也是不同的。但由于节点对模式的可观度衡量的是各节点观测的振荡模式的振荡幅值占比，因此无论选择哪个节点作为激励节点，各节点的可观度是不变的，如式（3-19）所示，其仅由节点导纳矩阵零特征值的右特征向量决定。

将式（3-16）代入式（3-8），可以计算得到各节点对振荡模式 s_m 的参与因子，可表示为

$$\boldsymbol{P}_n^n = |R_{np} \cdot H_{pn}| \Big/ \sum_{n=1}^{N} |R_{np} \cdot H_{pn}| \qquad (3-20)$$

由式（3-20），节点对模式的参与因子可以通过节点导纳矩阵的零特征值的左和右特征向量求取。根据各节点参与因子大小，可以确定参与振荡的主要节点，从而了解振荡的中心位置和影响区域。

特别地，由于 $Y(s_m)$ 是对称矩阵，因此右特征向量矩阵等于左特征向量矩阵的转置，即 $R=H^T$。根据式（3-18）和式（3-19），节点对模式的可控度和可观度在数值上是相等的，即 $c_{nm}^n = o_{nm}^n$。因此，节点的参与因子可以简化为

$$P_n^n = |R_{np}^2| \Big/ \sum_{n=1}^{N} |R_{np}^2| \quad \text{或} \quad P_n^n = |H_{pn}^2| \Big/ \sum_{n=1}^{N} |H_{pn}^2| \tag{3-21}$$

3. 回路参与因子的定义

类比节点参与因子，这里提出了回路参与因子，其衡量的是系统各回路对振荡模式的参与度，包括回路对模式的可控度和可观度。

假设在阻抗网络某条回路 #l 上施加单位脉冲电压激励，任一回路 #k 的回路电流可以表示为

$$i_{lk}^l(t) = \sum_{m=1}^{M} T_{lk}^m e^{-\sigma_m t} \sin(\omega_m t + \varphi_m) \tag{3-22}$$

其中，i_{lk}^l ($k, l=1, 2, \cdots, L$) 为网络各回路电流的瞬时值，下标的字母分别表示观测和激励回路；T_{lk}^m 为回路电流 i_{lk}^l 中振荡模式 s_m 的初始振荡幅值；ω_m 和 σ_m 分别为振荡模式 s_m 的振荡频率和振荡阻尼；φ_m 为振荡模式 s_m 的初始相位；L 为网络总回路数；M 为网络振荡模式总数。

对任一振荡模式 s_m 而言，对不同回路施加电压激励，激发出的模式的振荡幅值反映了回路对该模式的可激励程度，即可控程度，为此提出了回路对模式的可控度指标，可表示为

$$c_{lm}^l = T_{kl}^m \Big/ \sum_{l=1}^{L} T_{kl}^m \tag{3-23}$$

其中，c_{lm}^l ($l=1, 2, \cdots, L$; $m=1, 2, \cdots, M$) 表示回路 #l 对振荡模式 s_m 的可控度。根据式（3-23），网络各回路对同一模式的可控度之和为 1，即 $\sum_{l=1}^{L} c_{lm}^l = 1$。

需要说明的是，各回路对模式的可控度与观测节点无关，无论选择网络

中哪个回路作为式（3-23）中的观测回路#k，回路对模式的可控度不变。这一点将在下面回路参与因子的计算公式推导时证明。

对任一振荡模式 s_m 而言，各回路电流中的模式的初始振荡幅值可以反映出回路对该模式的可观程度，为此提出了回路对模式的可观度指标，可表示为

$$o_{km}^1 = T_{kl}^m \bigg/ \sum_{k=1}^{L} T_{kl}^m \qquad (3-24)$$

其中，o_{km}^1（$k=1, 2, \cdots, L$；$m=1, 2, \cdots, M$）表示回路#k对振荡模式 s_m 的可观度。根据式（3-24），网络各回路对同一模式的可观度之和为1，即 $\sum_{k=1}^{L} o_{km}^1 = 1$。

同理，各回路对模式的可观度与激励回路无关，无论选择网络中哪个回路作为式（3-24）中的激励回路#l，回路对模式的可观度不变。这一点将在下面回路参与因子的计算公式推导时证明。

将回路参与因子定义为回路对模式的可控度和可观度的乘积，并将其进行归一化，其表达式为

$$P_{lm}^1 = (o_{lm}^1 \cdot c_{lm}^1) \bigg/ \sum_{l=1}^{L} (o_{lm}^1 \cdot c_{lm}^1) \qquad (3-25)$$

其中，P_{lm}^1 表示回路#l对第 m 个振荡模式 s_m 的参与因子。

为了更直观地解释回路对振荡模式可控度和可观度的概念，以图3-2(a)所示的阻抗网络为例进行说明。该阻抗网络包括2个独立回路和3条支路，各支路的阻抗随机选取。分别在回路1和回路2注入单位脉冲电压激励后，各回路电流如图3-2(b)所示，其中，i_{jn}（$j, n=1, 2$）下标的字母分别表示观测回路和激励回路。网络共包含2个振荡模式，记为 s_1 和 s_2。为了衡量回路对各振荡模式的可观度，提取回路电流中各振荡模式分量（这里选取回路#1作为激励回路，可观度与激励回路无关），结果如图3-2(c)和图3-2(d)所示。可以看出，i_{11} 中振荡模式 s_1 的初始振荡幅值小于 i_{21}，而 i_{11} 中振荡模式 s_2 的初始振荡幅值大于 i_{21}。因此，回路1对振荡模式 s_1 的可观度小于回路2，回路1对振荡模式 s_2 的可观度大于回路2。为了衡量回路对各振荡模式的可控度，

提取在不同回路电压激励下，回路电流中各振荡模式分量（这里选取回路#2作为观测回路，可控度与观测回路无关），结果如图3-2(e)和图3-2(f)所示。可以看出，i_{21}中振荡模式s_1的初始振荡幅值小于i_{22}，而i_{21}中振荡模式s_2的初始振荡幅值大于i_{22}。因此，回路1对振荡模式s_1的可控度小于回路2，回路1对振荡模式s_2的可控度大于回路2。可以发现，对任一振荡模式而言，对该模式可观度高和可控度高的回路为同一回路。

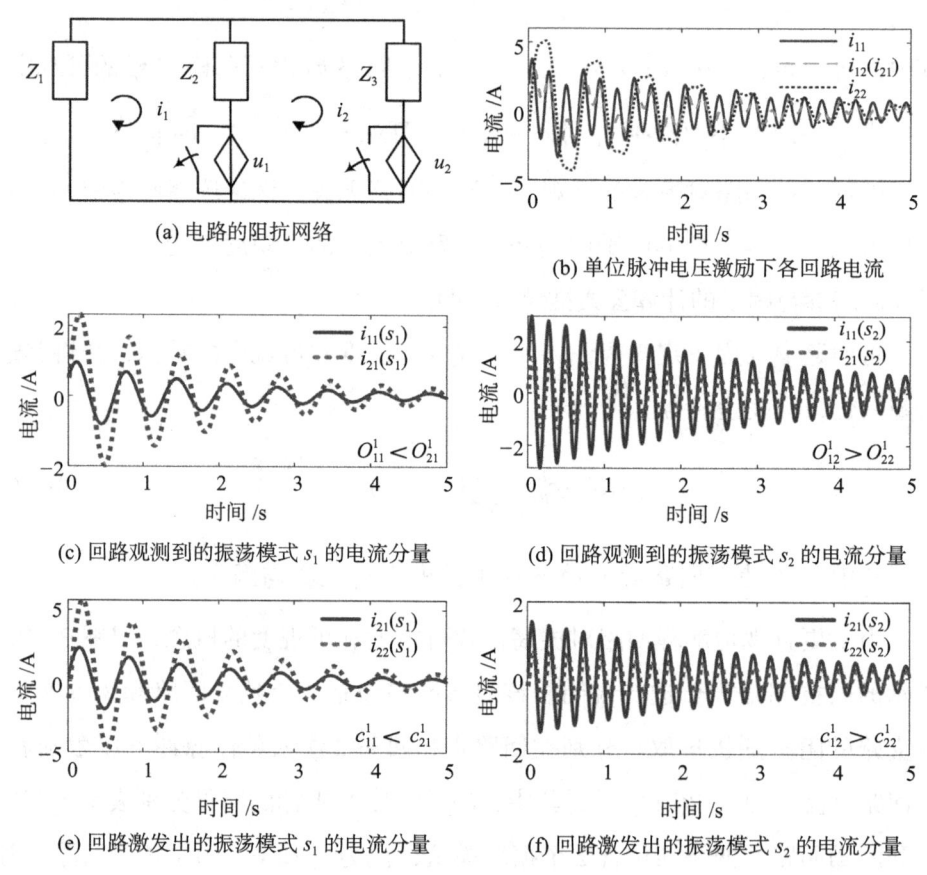

图3-2 回路对模式的可观度与可控度

4. 回路参与因子的计算公式

以振荡模式s_m为例，推导各回路对该模式的参与因子。将振荡模式s_m代入网络的回路阻抗矩阵，记为$\boldsymbol{Z}(s_m)$。由于$\boldsymbol{Z}(s_m)$是对称矩阵，则可将其对角化，得[86]

$$Z(s_m) = F\Lambda^1 W^T \qquad (3-26)$$

其中

$$\begin{aligned}\Lambda^1 &= \mathrm{diag}\,(\mu_1, \mu_2, \cdots, \mu_L) \\ F &= \begin{bmatrix} F_1 & F_2 & \cdots & F_L \end{bmatrix} \\ W &= \begin{bmatrix} W_1 & W_2 & \cdots & W_L \end{bmatrix}\end{aligned} \qquad (3-27)$$

Λ^1 为 $Z(s_m)$ 的特征根矩阵，W^T 和 F 分别为 $Z(s_m)$ 的左和右特征向量矩阵，μ_l ($l=1$, 2, $\cdots$, L) 为 $Z(s_m)$ 的特征根，W_l^T 和 F_l 分别为 μ_l 对应的左和右特征向量。由于 $Z(s_m)$ 是对称矩阵，W^T 和 F 互为逆矩阵，L 为网络的独立节点数。

将 $Z(s_m)$ 的特征根称为串联模态，定义模态电压和模态电流，分别记为 V^1 和 J^1，其表达式为

$$V^1 = F^{-1} U^1(s_m) \qquad (3-28)$$

$$J^1 = W^T I^1(s_m) \qquad (3-29)$$

其中，U^1 和 I^1 分别为回路电压向量和回路电流向量。

将式（3-26）、式（3-28）和式（3-29）代入回路电流方程（2-11），得到 L 个互相解耦的模态方程，其表达式为

$$J_l^1 = \mu_l^{-1} V_l^1 \quad (l = 1, 2, \cdots, L) \qquad (3-30)$$

考虑到振荡模式 s_m 为 $Z(s)$ 的行列式零点，则 $Z(s_m)$ 均存在一个零特征值，记作 μ_q。由于 $\mu_q=0$，根据式（3-30），模态 μ_q 对应的模态电压 V_q^1 会激励出较大的模态电流 J_q^1，这样系统中各回路电流由模态电流 J_q^1 主导。根据式（3-29），在振荡模式 s_m 下，各回路电流可以表示为

$$I^1(s_m) = F J^1 \approx F_q J_q^1 \qquad (3-31)$$

对网络某一回路 #l 施加单位脉冲电压激励，即令 $U_l^1(s_m)=1$，$U_j^1(s_m)=0$ ($j \neq l$)，根据式（3-28），模态 μ_q 对应的模态电压可以表示为

$$V_q^1 = W_q^T U^1(s) = W_{ql} \qquad (3-32)$$

将式（3-30）和式（3-32）代入式（3-31），对网络某一回路 #l 施加单

位脉冲电压激励,任一回路 #k 的回路电流可以表示为

$$I_{kl}^1(s_m) \approx \mu_q^{-1} F_{kq} W_{ql} \quad (3\text{-}33)$$

根据式(3-33),回路 #k 的回路电流中振荡模式 s_m 的初始振荡幅值可以表示为

$$T_{kl}^1 = [I_{kl}^1(s)(s-s_m)]_{s=s_m} \approx a_2 |F_{kp} W_{pl}| \quad (3\text{-}34)$$

其中,a_2 为系数。

将式(3-34)代入式(3-23),可以计算出各回路对振荡模式 s_m 的可控度,可表示为

$$c_{lm}^1 = |W_{ql}| \Big/ \sum_{l=1}^{L} |W_{ql}| \quad (3\text{-}35)$$

将式(3-34)代入式(3-24),可以计算出各回路对振荡模式 s_m 的可观度,可表示为

$$o_{lm}^1 = |F_{lq}| \Big/ \sum_{l=1}^{L} |F_{lq}| \quad (3\text{-}36)$$

根据式(3-34),当对某个回路施加激励时,选择不同的回路作为观测回路,观测到的振荡模式的振荡幅值是不同的。但由于回路对模式的可控度衡量的是各回路激发的振荡模式的振荡幅值占比,因此无论选择哪个回路作为观测回路,各回路的可控度是不变的,如式(3-35)所示,其仅由回路阻抗矩阵的零特征值的左特征向量决定。同样,当选择不同回路施加激励时,各回路观测到的振荡模式的振荡幅值也是不同的。但由于回路对模式的可观衡量的是各回路观测的振荡模式的振荡幅值占比,因此无论选择哪条回路作为激励回路,各回路的可观度是不变的,如式(3-36)所示,其仅由回路阻抗矩阵的零特征值的右特征向量决定。

将式(3-34)代入式(3-25),可以计算得到各回路对模式 s_m 的参与因子,可表示为

$$P_l^1 = |F_{lq} \cdot W_{ql}| \Big/ \sum_{l=1}^{L} |F_{lq} \cdot W_{ql}| \quad (3\text{-}37)$$

由式(3-37),回路对模式的参与因子可以通过回路阻抗矩阵的零特征值

的左和右特征向量求取。根据各回路参与因子大小，可以确定参与振荡的主要回路，从而了解振荡的中心位置和影响区域。

特别地，由于 $Z(s_m)$ 是对称矩阵，因此右特征向量矩阵等于左特征向量矩阵的转置，即 $F=W^T$。根据式（3-35）和式（3-36），回路对模式的可控度和可观度在数值上是相等的，即 $c_{lm}^l = o_{lm}^l$。因此，回路参与因子可以简化为

$$P_l^1 = |F_{lq}^2| \Big/ \sum_{l=1}^{L} |F_{lq}^2| \quad \text{或} \quad P_n^n = |W_{ql}^2| \Big/ \sum_{l=1}^{L} |W_{ql}^2| \quad (3-38)$$

3.2.2 设备（参数）灵敏度

3.2.1 节介绍了网络节点对振荡模式的参与度，为了进一步分析节点连接的各设备以及设备参数对振荡模式的影响，本小节提出了设备灵敏度和参数灵敏度的概念，以便定位引发振荡的关键设备，通过调整设备的位置和优化相关参数，提高系统的稳定性。

网络中某个设备对振荡模式 s_m 的灵敏度指的是节点导纳矩阵 $Y(s_m)$ 的零特征值 λ_p 对设备导纳的一阶导数，其表达式为

$$S_c^c = \partial \lambda_p / \partial y_c \quad (3-39)$$

其中，S_c^c 为设备对振荡模式的灵敏度，y_c 为设备的导纳。

λ_p 为节点导纳矩阵 $Y(s_m)$ 的零特征值，H_p^T 和 R_p 分别为 λ_p 对应的左和右特征向量，根据特征向量的定义以及左右特征向量的正交性，可得

$$Y(s_m)R_p = \lambda_p R_p \quad (3-40)$$

$$H_p^T Y(s_m) = \lambda_p H_p^T \quad (3-41)$$

$$H_p^T R_p = 1 \quad (3-42)$$

将式（3-40）、式（3-41）和式（3-42）代入式（3-39），设备对模式 s_m 的灵敏度可表示为

$$\frac{\partial \lambda_p}{\partial y} = H_p^T \frac{\partial Y(s_m)}{\partial y} R_p \quad (3-43)$$

根据式（3-43），设备对振荡模式的灵敏度一方面与 λ_p 对应的左和右特征向量有关，另一方面与设备的位置有关，即设备导纳会出现在节点导纳矩阵的哪些元素中。根据设备的连接节点，将设备分为并联设备与串联设备，如图 3-3 所示。并联设备指的是接于参考节点与其他节点之间的设备，其导纳仅出现在节点导纳矩阵的对角元素中。串联设备指的是接于除参考节点外的两个节点之间的设备，其导纳同时出现在节点导纳矩阵的对角和非对角元素中。将并联设备除参考节点外的连接节点设为节点 #i，将串联设备两个连接节点分别设为节点 #j 与节点 #k。根据式（3-43），可以推出并联设备和串联设备对振荡模式的灵敏度，可表示为

$$S_c^c = \begin{cases} G(i,i) & （并联设备） \\ G(j,j)-G(j,k)-G(k,j)+G(k,k) & （串联设备） \end{cases} \quad (3-44)$$

其中

$$\boldsymbol{G} = \boldsymbol{R}_p \boldsymbol{H}_p^{\mathrm{T}} \quad (3-45)$$

其中，$\boldsymbol{G}$ 为灵敏度矩阵，$G(i,j)$ 代表矩阵 $\boldsymbol{G}$ 的第 i 行、第 j 列元素。

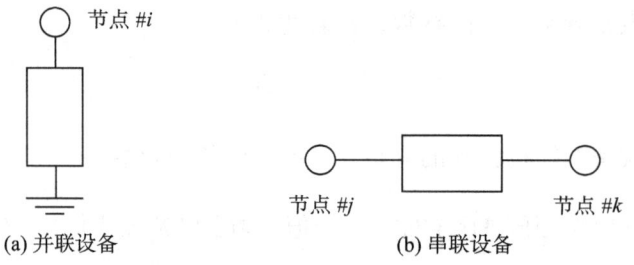

(a) 并联设备　　　　　(b) 串联设备

图 3-3　串联设备和并联设备

根据设备灵敏度，可以发现引发振荡的关键设备，从而定位振荡源，为振荡的抑制提供依据。

在得到设备对振荡模式的灵敏度后，可以进一步定义设备参数对振荡模式的灵敏度，其指的是节点导纳矩阵的零特征值对设备参数的一阶导数，其表达式为

$$S_\alpha^p = \frac{\partial \lambda_p}{\partial \alpha} = \frac{\partial \lambda_p}{\partial y}\frac{\partial y}{\partial \alpha} = S_c^c \frac{\partial y}{\partial \alpha} \quad (3-46)$$

其中，S_α^p 为设备参数对振荡模式的灵敏度，α 为待分析的设备参数。

3.2.3 支路可观度

上述提出了回路对模式的可观度，为了进一步分析振荡电流在系统各支路的分布规律，这里提出了支路对模式的可观度概念。

假设在阻抗网络某一回路施加单位脉冲电压扰动，任一支路 #b 的支路电流可以表示为

$$i_b^b(t) = \sum_{m=1}^{M} D_b^m \mathrm{e}^{-\sigma_m t} \sin(\omega_m t + \varphi_m) \tag{3-47}$$

其中，i_b^b ($b=1, 2, \cdots, L^b$) 为支路 #b 的支路电流瞬时值，D_b^m 为支路电流 i_b^b 中第 m 个振荡模式 s_m 的初始振荡幅值，ω_m 和 σ_m 分别为模式 s_m 的振荡频率和振荡阻尼，φ_m 为振荡模式 s_m 的初始相位，L^b 为网络总支路数，M 为网络振荡模式总数。

支路对模式的可观度衡量的是各支路观测到的振荡模式的振荡幅值占比，将支路 #b 对振荡模式 s_m 的可观度记为 o_{bm}^b，其表达式为

$$o_{bm}^b = D_b^m \Big/ \sum_{b=1}^{L^b} D_b^m \tag{3-48}$$

根据电路原理，各支路电流可以用与该支路关联的所有回路中的回路电流表示，其表达式为

$$\boldsymbol{I}^b(s) = \boldsymbol{B}^\mathrm{T} \boldsymbol{I}^1(s) \tag{3-49}$$

其中，$\boldsymbol{B}$ 为支路-回路关联矩阵。

根据式（3-33）和式（3-49），对网络任一回路 #l 施加单位脉冲电压激励，即令 $U_l^1(s_m)=1$，$U_j^1(s_m)=0$ ($j \neq l$)，在振荡模式 s_m 下，各支路电流可以表示为

$$\boldsymbol{I}^b(s_m) = \boldsymbol{B}^\mathrm{T} \boldsymbol{I}^1(s_m) \approx \mu_q^{-1} W_{ql} \boldsymbol{B}^\mathrm{T} \boldsymbol{F}_q \tag{3-50}$$

令 $\boldsymbol{F}' = \boldsymbol{B}^\mathrm{T} \boldsymbol{F}$，根据式（3-50），支路 #b 的支路电流中振荡模式 s_m 的初始

振荡幅值可表示为

$$D_b^m=[I_b^b(s)(s-s_m)]_{s=s_m} \approx a_3 |F_{bq}'W_{ql}| \qquad (3-51)$$

其中，a_3 为系数。

将式（3-51）代入式（3-48），可以得到各支路对振荡模式 s_m 的可观度，可表示为

$$o_{bm}^b = |F_{bq}'| \Big/ \sum_{b=1}^{L^b} |F_{bq}'| \qquad (3-52)$$

根据式（3-52），支路对模式的可观度与回路阻抗矩阵的零特征值的右特征向量有关。根据各支路的可观度，可以获得振荡电流的空间分布规律，从而为振荡的实时监测提供指导。

3.2.4 算例分析：四阶无源电路

以图 3-4 所示的四阶无源电路为例，运用所提的频域模式分析方法，分析电路存在的振荡模式及其振荡特性，并通过电路分析和特征值分析验证所提方法的准确性。根据图 3-4，电路共包含 3 个节点（节点 3 为参考节点）、5 条支路和 3 个独立回路，各节点、支路和回路的编号已在图中标注。电路中各元件的参数随机选取，并在图中标注。

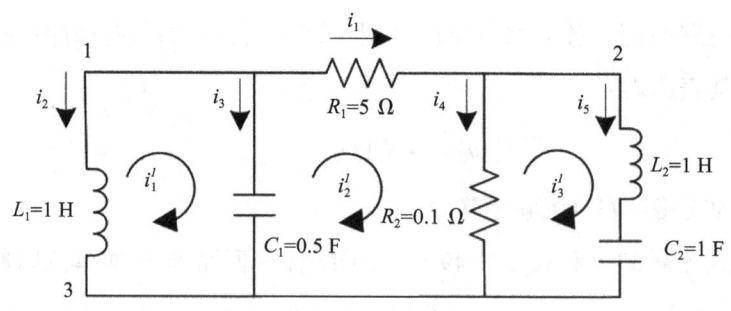

图 3-4 四阶无源电路

1. 电路分析

分析图 3-4 所示电路，电路中共有 4 个储能元件，构成 2 个谐振模式。其中，L_1 与 C_1 构成并联谐振，L_2 与 C_2 构成串联谐振。电阻 R_1 和 R_2 串联，

参与并联谐振，并联谐振电阻 $R^p = R_1+R_2$；电阻 R_2 参与串联谐振，串联谐振电阻 $R^s = R_2$。根据电路原理，可以计算出这两个谐振模式的振荡阻尼与振荡角频率，即

$$\sigma_1 = \frac{1}{2C_1R^p} = 0.196, \quad w_1 = \sqrt{\frac{1}{L_1C_1} - \left(\frac{1}{2C_1R^p}\right)^2} = 1.400 \quad (3-53)$$

$$\sigma_2 = \frac{R^s}{2L_2} = 0.05, \quad w_2 = \sqrt{\frac{1}{L_2C_2} - \left(\frac{R^s}{2L_2}\right)^2} = 0.999 \quad (3-54)$$

列出电路的节点电压方程，分别在节点 #1 和节点 #2 施加单位脉冲电流激励，可以得到系统各节点电压的表达式，可表示为

$$\begin{aligned}
u_{11}^n &= 2.018e^{-0.196t}\cos(1.4t+0.139)+0.0015e^{-0.05t}\cos(0.999t-0.431) \\
u_{21}^n &= 0.0413e^{-0.196t}\cos(1.4t+0.264)+0.0037e^{-0.05t}\cos(0.999t-1.754) \\
u_{12}^n &= 0.0413e^{-0.196t}\cos(1.4t+0.264)+0.0037e^{-0.05t}\cos(0.999t-1.754) \\
u_{22}^n &= 0.0008e^{-0.196t}\cos(1.4t+0.389)+0.0096e^{-0.05t}\cos(0.999t-3.077)
\end{aligned} \quad (3-55)$$

其中，u_{jn}^n ($j, n=1, 2$) 为各节点的节点电压，下标的字母分别表示观测和激励节点。

列出电路的回路电流方程，分别在回路 #1、回路 #2 和回路 #3 施加单位脉冲电压激励，可以得到系统各回路电流的表达式，可表示为

$$\begin{aligned}
i_{11}^l &= 1.01e^{-0.196t}\cos(1.4t+0.42)+0.0004e^{-0.05t}\cos(0.999t-0.33) \\
i_{21}^l &= 0.292e^{-0.196t}\cos(1.4t-1.17)+0.0187e^{-0.05t}\cos(0.999t+3.01) \\
i_{31}^l &= 0.038e^{-0.196t}\cos(1.4t-3.14)+0.019e^{-0.05t}\cos(0.999t-0.14) \\
i_{12}^l &= 0.292e^{-0.196t}\cos(1.4t-1.17)+0.0187e^{-0.05t}\cos(0.999t+3.01) \\
i_{22}^l &= 0.085e^{-0.196t}\cos(1.4t-2.75)+0.965e^{-0.05t}\cos(0.999t+0.06) \\
i_{32}^l &= 0.011e^{-0.196t}\cos(1.4t+1.56)+0.982e^{-0.05t}\cos(0.999t-3.08) \\
i_{13}^l &= 0.038e^{-0.196t}\cos(1.4t-3.14)+0.019e^{-0.05t}\cos(0.999t-0.14) \\
i_{23}^l &= 0.011e^{-0.196t}\cos(1.4t+1.56)+0.982e^{-0.05t}\cos(0.999t-3.08) \\
i_{33}^l &= 0.0015e^{-0.196t}\cos(1.4t-0.41)+0.999e^{-0.05t}\cos(0.999t+0.05)
\end{aligned} \quad (3-56)$$

其中，i_{jl}^l ($j, l=1, 2, 3$) 为各回路的回路电流，下标的字母分别表示观测和激励回路。

将式（3-55）代入式（3-6）和式（3-7），将式（3-56）代入式（3-23）和式（3-24），可以得到各节点和各回路对两个谐振模式的可控度和可观度。再根据式（3-8）和式（3-25），得到各节点和回路的参与因子。计算结果如表 3-1 和表 3-2 所列。

表 3-1　节点和回路对并联谐振模式的参与因子

节点/回路编号	电路分析			频域模式分析		
	可观度	可控度	参与因子	可观度	可控度	参与因子
节点 1	97.99%	97.99%	99.96%	97.99%	97.99%	99.96%
节点 2	2.01%	2.01%	0.04%	2.01%	2.01%	0.04%
回路 1	75.33%	75.33%	92.14%	75.33%	75.33%	92.14%
回路 2	21.80%	21.80%	7.72%	21.80%	21.80%	7.72%
回路 3	2.87%	2.87%	0.14%	2.87%	2.87%	0.14%

表 3-2　节点和回路对串联谐振模式的参与因子

节点/回路编号	电路分析			频域模式分析		
	可观度	可控度	参与因子	可观度	可控度	参与因子
节点 1	27.95%	27.95%	13.08%	27.95%	27.95%	13.08%
节点 2	72.05%	72.05%	86.92%	72.05%	72.05%	86.92%
回路 1	0.95%	0.95%	0.02%	0.95%	0.95%	0.02%
回路 2	49.08%	49.08%	49.09%	49.08%	49.08%	49.09%
回路 3	49.97%	49.97%	50.89%	49.97%	49.97%	50.89%

2. 频域模式分析

建立电路中各设备的阻抗模型，根据式（2-8）和式（2-9），电路的节点导纳矩阵 $Y(s)$ 和回路阻抗矩阵 $Z(s)$ 分别为

$$Y(s) = \begin{bmatrix} (0.5s^2+0.2s+1)/s & -0.2 \\ -0.2 & s/(s^2+1)+10.2 \end{bmatrix} \quad (3-57)$$

$$Z(s) = \begin{bmatrix} (s^2+2)/s & s & s \\ s & s+5.1 & s+5.0 \\ s & s+5.0 & (2s^2+5s+1)/s \end{bmatrix} \quad (3-58)$$

求解矩阵 $Y(s)$ 和 $Z(s)$ 的行列式的分子多项式的零点，得到两对共轭复数根，即

$$s_1 = -0.196 \pm j1.401, \quad s_2 = -0.049 \pm j0.998 \quad (3-59)$$

其中，s_1 和 s_2 分别对应电路的并联谐振模式和串联谐振模式。

分别将两个谐振模式代入节点导纳矩阵和回路阻抗矩阵，根据式（3-18）、式（3-19）和式（3-20），计算各节点对模式的可观度、可控度和参与因子。根据式（3-35）、式（3-36）和式（3-37），计算各回路对模式的可观度、可控度和参与因子。计算结果如表 3-1 和表 3-2 所列。可以看出，频域模式分析方法和电路分析结果一致，由此验证了所提方法的准确性。

3. 特征值分析

采用特征值分析方法求解图 3-4 所示电路，将它的状态变量、输入量和输出量分别记作 x、u 和 y，可表示为

$$\begin{aligned} x &= [i_{L1} \quad i_{L2} \quad u_{C1} \quad u_{C2}]^T \\ u &= [i_1^n \quad i_2^n \quad u_1^l \quad u_2^l \quad u_3^l]^T \\ y &= [u_1^n \quad u_2^n \quad i_1^l \quad i_2^l \quad i_3^l]^T \end{aligned} \quad (3-60)$$

其中，iL_1 和 iL_2 分别为电感 L_1 和 L_2 的电流，uC_1 和 uC_2 分别为电容 C_1 和 C_2 的电压，i_n^n 和 u_n^n（n=1, 2）分别为节点注入电流和节点电压，u_l^l 和 i_l^l（l=1, 2, 3）分别为回路添加电压和回路电流。

根据电路原理，列写电路的状态空间方程，记作

$$\begin{aligned} \dot{x} &= Ax + Bu \\ y &= Cx + Du \end{aligned} \quad (3-61)$$

其中

$$A = \begin{bmatrix} 0 & 0 & 1/L_1 & 0 \\ 0 & -\dfrac{R_1 R_2}{L_2(R_1+R_2)} & \dfrac{R_2}{L_2(R_1+R_2)} & -\dfrac{1}{L_2} \\ -\dfrac{1}{C_1} & -\dfrac{R_2}{C_1(R_1+R_2)} & -\dfrac{1}{C_1(R_1+R_2)} & 0 \\ 0 & 1/C_2 & 0 & 0 \end{bmatrix} \quad (3-62)$$

通过求解状态空间矩阵 A 的特征值，得到系统的谐振模式，与式（3-59）一致。为了分析输入量对谐振模式的可控度以及输出量对谐振模式的可观度，将矩阵 B 左乘矩阵 A 的左特征向量矩阵，得到可控度矩阵 $\tilde{B}$，将矩阵 C 右乘矩阵 A 的右特征向量矩阵，得到可观度矩阵 $\tilde{C}$，即

$$\tilde{B} = \begin{bmatrix} 1.224 + j0.172 & 0.026 - j0.006 \\ 0.024 + j0.007 & 0.001 - j0.07 \\ -0.24 + j0.841 & 0.0026 + j0.013 \\ 0.244 + j0.066 & 0.006 - j0.695 \\ -0.004 - j0.033 & j0.708 \end{bmatrix}^{\mathrm{T}} \quad (3-63)$$

$$\tilde{C} = \begin{bmatrix} 0.816 & 0.026 - j0.005 \\ 0.017 + j0.002 & 0.004 - j0.069 \\ -0.08 + j0.572 & 0.002 + j0.013 \\ 0.166 + j0.021 & 0.039 - j0.693 \\ -0.006 - j0.021 & -0.035 + j0.706 \end{bmatrix} \quad (3-64)$$

矩阵 $\tilde{B}$ 的每行表示输入量 u 对谐振模式的可控程度，因此可以得到各节点和回路对谐振模式的可控度，计算公式为

$$o_{nm}^{\mathrm{n}} = \left|\tilde{B}(m,n)\right| \bigg/ \sum_{n=1}^{2}\left|\tilde{B}(m,n)\right| \quad (n=1,2;\ m=1,2) \quad (3-65)$$

$$o_{(l-2)m}^{l} = \left|\tilde{B}(m,l)\right| \bigg/ \sum_{j=3}^{7}\left|\tilde{B}(m,l)\right| \quad (l=3,4,5,6,7;\ m=1,2) \quad (3-66)$$

其中，$\left|\tilde{B}(m,n)\right|$ 表示矩阵 $\tilde{B}$ 第 m 行、第 n 列元素的模值。

矩阵 $\tilde{C}$ 的每列表示输出量 y 对谐振模式的可观程度，因此可以得到各节点和回路对谐振模式的可观度，计算公式为

$$c_{nm}^{\text{n}} = \left|\tilde{C}(n, m)\right| \bigg/ \sum_{n=1}^{2}\left|\tilde{C}(n, m)\right| \quad (n = 1, 2; m = 1, 2) \quad （3-67）$$

$$c_{(l-2)m}^{\text{l}} = \left|\tilde{C}(l, m)\right| \bigg/ \sum_{j=3}^{7}\left|\tilde{C}(l, m)\right| \quad (l = 3, 4, 5, 6, 7; m = 1, 2) \quad （3-68）$$

其中，$\left|\tilde{C}(n, m)\right|$ 表示矩阵 $\tilde{C}$ 第 n 行、第 m 列元素的模值。

通过式（3-65）～式（3-68）计算的结果与表 3-1 和表 3-2 中所列结果一致，由此验证了频域模式分析方法的正确性。

3.2.5 频域模式分析与特征值分析的比较

频域模式分析和时域特征值分析都可以计算系统的振荡模式，根据参与因子、灵敏度等指标获取振荡模式的大量信息，从而为振荡的有效抑制提供指导。两种分析方法各具特点，互为补充。然而，针对大规模风电并网系统的次/超同步振荡问题，频域模式分析在模型基础、振荡模式获取、振荡特性分析等方面具有以下优势：

① 频域模式分析基于阻抗网络模型，阻抗网络模型在适应机网方式变化、"黑/灰箱"化设备建模和构造灵活性等方面具有突出特点，因此适用于运行方式多变、网络拓扑复杂的大规模风电并网系统。

② 大规模风电并网系统维数高，在求解系统的振荡模式时，频域模式分析方法可以利用频率分段分析技术有效降低模型阶数，避免"维数灾"问题。特别地，当仅需关注主导振荡模式时，可以直接根据频率响应曲线的过零点或者峰值点定位所关注模式，避免求解高阶多项式零点带来的巨大计算量。

③ 在特征值分析中，参与因子衡量的是系统内部状态变量与特征值的关联程度。而频域模式分析关注的是不同设备对振荡模式的参与度，以及振荡电压/电流的空间分布，分析结果更直观，对于系统运行人员而言更有价值，因此为工程评估提供了一种高效分析手段。

3.3 频域量化指标在网络聚合和动态监测中的应用

频域量化指标除了从不同角度反映振荡模式的振荡特性外，还可以开展更多的应用。本节列举了两个应用场景：一个是根据节点/支路对模式的可观度选择聚合端口，为阻抗网络的聚合提供理论依据；另一个是结合可观度和可控度提出节点关键度指标，指导次同步相量测量装置的配置。

3.3.1 基于模式可观度的阻抗网络聚合方法

1. 阻抗网络的聚合判据和聚合指标

根据聚合阻抗的定义式（2-18）和聚合导纳的定义式（2-19），若使聚合阻抗和聚合导纳包含系统全部模式的信息，要求聚合端口的电压和电流包含各模式的分量，这就意味着构成端口的节点和支路对各模式均可观。为了获得对系统全部模式均可观的节点和支路，从而构成聚合端口，下面提出了阻抗网络的聚合判据和聚合指标。

3.2 节中提出了节点对模式的可观度指标 o_{nm}^n 和支路对模式的可观度指标 o_{bm}^b，将所有节点对不同模式的可观度构成节点可观度矩阵，将所有支路对不同模式的可观度构成支路可观度矩阵，分别记作 $\boldsymbol{O}^n$ 和 $\boldsymbol{O}^b$，其表达式为

$$\boldsymbol{O}^n = \{o_{nm}^n\} \tag{3-69}$$

$$\boldsymbol{O}^b = \{o_{bm}^b\} \tag{3-70}$$

考虑到节点可观度矩阵 $\boldsymbol{O}^n$ 和支路可观度矩阵 $\boldsymbol{O}^b$ 的每行分别表示某一节点和某一支路对系统各模式的可观度，若 $\boldsymbol{O}^n$ 或 $\boldsymbol{O}^b$ 的某一行不存在非零元素，则代表该行对应的节点或支路对系统所有模式可观，即为满足构成聚合端口条件的节点和支路，将这些节点和支路构成节点和支路集合，可表示为

$$\boldsymbol{X}^n = \{n \mid o_{nm}^n \neq 0, m \in \boldsymbol{M}\} \tag{3-71}$$

$$\boldsymbol{X}^b = \{b \mid o_{bm}^b \neq 0, m \in \boldsymbol{M}\} \tag{3-72}$$

其中，$\boldsymbol{M}$ 为系统所有振荡模式构成的集合。

根据式（3-71）和式（3-72），阻抗网络的聚合判据可以总结为：若选择集合 $\boldsymbol{X}^n$ 中的节点构成聚合端口，则该端口的等效阻抗，即网络的聚合阻抗能够完全反映系统的动态行为。若选择集合 $\boldsymbol{X}^b$ 中的支路构成聚合端口，则该端口的等效导纳，即网络的聚合导纳能够完全反映系统的动态行为。

网络中通常存在若干符合聚合判据的端口。为了使聚合端口不仅能够观察到各模式的动态过程，而且观察到的各模式分量的幅值尽可能大，定义了

端口的聚合指标，其为构成端口的节点和支路对各模式可观度的加权和，记作 A_n^n 和 A_b^b，可表示为

$$A_n^n = \sum_{m=1}^{M} w_m o_{nm}^n \quad (3-73)$$

$$A_b^b = \sum_{m=1}^{M} w_m o_{bm}^b \quad (3-74)$$

其中，w_m 是振荡模式 s_m 对应的权重。由于模式阻尼小意味着衰减速度慢，对系统的动态行为影响大。因此，模式的阻尼越小，则所占的权重越大。所有模式的权重和为 1，即 $\sum_{m=1}^{M} w_m = 1$。

2. 阻抗网络聚合的步骤

实际风电并网系统包含大量的振荡模式，而系统在小扰动下的动态行为主要由负阻尼和弱阻尼的模式决定，因此有时仅需关注这类主导振荡模式的振荡特性。为了使阻抗网络的聚合阻抗和导纳包含所关注的所有振荡模式的信息，将基于模式可观度的阻抗网络聚合方法总结为以下几个步骤，方法流程如图 3-5 所示。

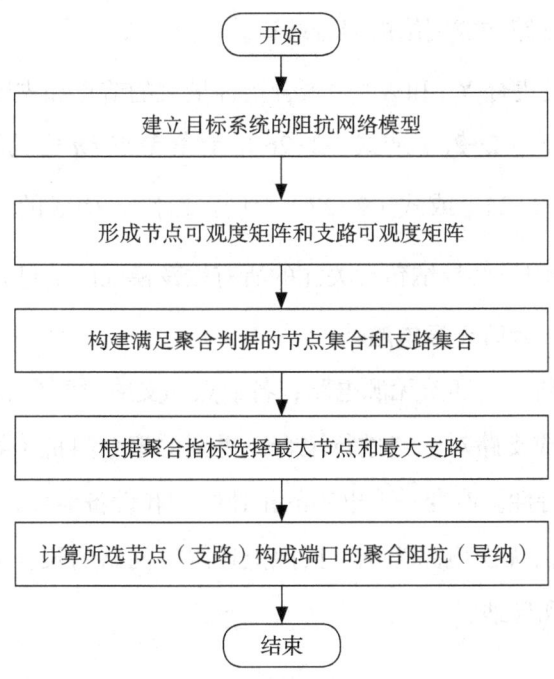

图 3-5　阻抗网络的聚合方法流程

步骤1 建立目标系统的阻抗网络模型,并根据式(2-8)和式(2-9),形成网络的节点导纳矩阵 $Y(s)$ 和回路阻抗矩阵 $Z(s)$。

步骤2 根据式(3-19)和式(3-69),建立节点可观度矩阵 O^n,根据式(3-52)和式(3-70),建立支路可观度矩阵 O^b。

步骤3 根据上述聚合判据,构建满足聚合端口条件的节点和支路集合,分别记作 X^n 和 X^b,可表示为

$$X^n = \{n \mid o^n_{nm} \neq 0, m \in K\} \quad (3-75)$$

$$X^b = \{b \mid o^b_{bm} \neq 0, m \in K\} \quad (3-76)$$

其中,K 为关注的各振荡模式构成的集合。

步骤4 根据振荡模式的振荡阻尼比,设置集合 K 中各振荡模式的权重 w_m,且满足 $\sum_{m=1}^{M^K} w_m = 1$,其中 M^K 为关注的振荡模式的个数。根据式(3-73)和式(3-74),计算集合 X^n 和 X^b 中各节点和各支路的聚合指标,选择聚合指标最大的节点和支路构成网络的聚合端口。

步骤5 假设集合 X^n 和 X^b 中聚合指标最大的节点和支路分别为节点 #n 和支路 #b,根据式(2-22)或式(2-26),计算节点 #n 构成的端口的聚合阻抗 Z_n^Σ,根据式(2-24)或式(2-27),计算支路 #b 构成的端口的聚合导纳 Y_b^Σ,获得的聚合阻抗和导纳包含关注的所有振荡模式的信息。

3. 算例分析:六阶无源电路

对于图3-4所示的四阶无源电路,各节点和支路对两个谐振模式均可观,因此从任一节点或支路对电路进行聚合,得到的聚合阻抗(导纳)均能完全表征系统的动态特性。改变一下电路的拓扑结构和设备参数,如图3-6所示。以图3-6中的六阶无源电路为例,按照上述阻抗网络的聚合分析步骤,获得电路的聚合阻抗和导纳。

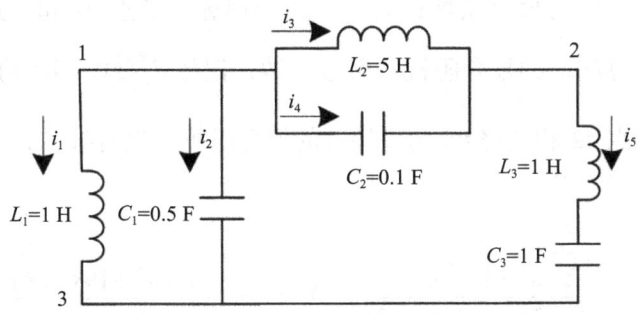

图 3-6 六阶无源电路

建立电路中各设备的阻抗模型，再根据式（2-8）和式（2-9），建立电路的节点导纳矩阵和回路阻抗矩阵，通过求解矩阵行列式的零点，得到系统的 3 个谐振模式，即

$$s_1 = \pm j1.414, \quad s_2 = \pm j3.856, \quad s_3 = \pm j0.367 \quad (3-77)$$

将 3 个谐振模式分别代入电路的节点导纳矩阵和回路阻抗矩阵，根据式（3-19）和式（3-52），计算各节点和各支路对谐振模式的可观度，并根据式（3-69）和式（3-70）构成节点可观度矩阵 $\boldsymbol{O}^n$ 和支路可观度矩阵 $\boldsymbol{O}^b$，即

$$\boldsymbol{O}^n = \begin{bmatrix} 100\% & 14.3\% & 14.3\% \\ 0 & 85.7\% & 85.7\% \end{bmatrix} \quad (3-78)$$

$$\boldsymbol{O}^b = \begin{bmatrix} 41.7\% & 4.3\% & 32.6\% \\ 8.3\% & 4.3\% & 32.6\% \\ 41.7\% & 31.9\% & 2.2\% \\ 8.3\% & 31.9\% & 2.2\% \\ 0 & 27.6\% & 30.4\% \end{bmatrix} \quad (3-79)$$

可以看出，节点 #2 和支路 #5 对谐振模式 s_1 的可观度为零。谐振模式 s_1 是 L_1 和 C_1 构成的并联谐振模式，其与 L_2 和 C_2 构成的谐振模式的谐振频率相等。这样，当电路以这个频率振荡时，支路 #3 和支路 #4 相当于开路。因此，节点 #2 和支路 #5 观测不到谐振模式 s_1。

根据阻抗网络的聚合判据，除了节点 #2 和支路 #5 外，其他节点和支路均可以构成聚合端口。由于 3 个谐振模式的阻尼均为零，令其权重相等，均为 1/3，根据式（3-73）和（3-74），计算各节点和支路的聚合指标。其中，

节点 #1 和支路 #1 的聚合指标最大，因此分别选择节点 #1 和支路 #1 构成聚合端口，并计算端口的聚合阻抗和聚合导纳，记作 $Z_1^\Sigma(s)$ 和 $Y_1^\Sigma(s)$。同时为了比较，计算节点 #2 和支路 #5 构成端口的聚合阻抗和聚合导纳，记作 $Z_2^\Sigma(s)$ 和 $Y_5^\Sigma(s)$，得到

$$Z_1^\Sigma(s) = \frac{2s(s^4+13s^2+2)}{(s^2+2)(s^4+15s^2+2)}, \quad Y_1^\Sigma(s) = \frac{s(3s^4+19s^2+6)}{(s^2+2)(s^4+15s^2+2)} \quad (3-80)$$

$$Z_2^\Sigma(s) = \frac{12s(s^2+1)}{s^4+15s^2+2}, \quad Y_5^\Sigma(s) = \frac{s(s^2+2)}{s^4+15s^2+2} \quad (3-81)$$

比较式（3-80）和式（3-81），$Z_1^\Sigma(s)$ 和 $Y_1^\Sigma(s)$ 均包含了 3 个谐振模式的信息，而 $Z_2^\Sigma(s)$ 和 $Y_5^\Sigma(s)$ 不能反映谐振模式 s_1 的动态特性。由此说明了选择合适的聚合端口的重要性。

3.3.2 次同步相量测量装置优化配置方法

为了有效抑制风电并网系统的次/超同步振荡事故，振荡监测是十分重要的一个环节。文献[87]提出了针对次/超同步振荡的广域监测和预警系统，包括若干台安装在本地的次同步相量测量装置(S-PMUs)和集中式数据处理中心。如何经济合理地配置 S-PMUs 是构建振荡监测系统的关键问题[88]。

考虑到成本的限制，配置 S-PMUs 的原则是在保证系统全局可观的基础上使装置的数量尽可能少。为了取得更好的监测效果，S-PMUs 应优先安装在对振荡模式可观度较高的节点，同时，对于扰动后容易引发振荡的节点，也需要重点开展监测。

根据 3.2.1 节中节点对模式可观度和可控度的定义，可以结合这两个指标衡量节点在振荡监测系统中的重要程度。这里将可观度和可控度的权重设为相同，建立了节点关键度指标。考虑到不同运行方式下，节点可观度和可控度会发生变化，因此将节点关键度定义为不同工况下的加权平均，可表示为

$$W_n = \frac{1}{K}\sum_{k=1}^{K} \frac{r_k(o_{n,k}^n + c_{n,k}^n)}{2} \quad (3-82)$$

其中

$$r_k = |\sigma_k| \Big/ \sum_{k=1}^{K} |\sigma_k| \quad (3-83)$$

W_n 为节点 #n 的节点关键度，K 为选取的运行方式总数，$o_{n,k}^n$ 和 $c_{n,k}^n$ 分别为节点 #n 在第 k 个运行方式下对次/超同步振荡模式的可观度和可控度，r_k 为第 k 个运行方式的权重。由于负阻尼越大，振荡越强，因此运行方式的权重与该工况下系统次/超同步振荡阻尼的绝对值成正比。

根据节点关键度指标，可以构建风电并网系统次同步相量测量装置的优化配置模型。优化目标包括安装装置的节点数最少以及节点关键度最高，约束条件为全局可观，即节点本身或与其相邻的节点中至少有一个节点安装测量装置。优化模型可以表示为

$$\min \left(\sum_{i=1}^{N} x_i - \sum_{i=1}^{N} W_i x_i \right), \quad \sum_{j \in \Omega_i} x_j \geq 1, \quad x_i \in \{0, 1\} \quad (3-84)$$

其中，x_i 为 0—1 决策变量，$x_i=0$ 表示不在节点 #i 安装测量装置，$x_i=1$ 表示在节 #i 安装测量装置，Ω_i 为节点 #i 的邻接节点集合（包括节点 #i 本身），N 为系统节点总数。

3.4 算例分析：冀北沽源风电并网系统的频域模式分析

3.4.1 振荡模式分布

2.4.3 节中建立了冀北沽源风电并网系统在表 2-1 所列运行方式下的频域阻抗网络模型。在得到阻抗网络的节点导纳矩阵 $Y(s)$ 和回路阻抗矩阵 $Z(s)$ 后，求取矩阵的行列式，行列式的分子多项式是一个 172 阶的多项式，利用友矩阵结合 QR 分解法计算高阶多项式的零点，每个复数零点对应系统的一个振荡模式，将所有振荡模式画在图 3-7 中，其中，横轴表示振荡模式的阻尼，纵轴表示振荡模式的频率。根据图 3-7，可以发现系统中存在一个不稳定的振荡模式（图中•表示），该振荡模式的振荡阻尼为 −0.0452 s^{-1}，振荡频率为

7.45 Hz，即对应系统发生次同步振荡的振荡模式。

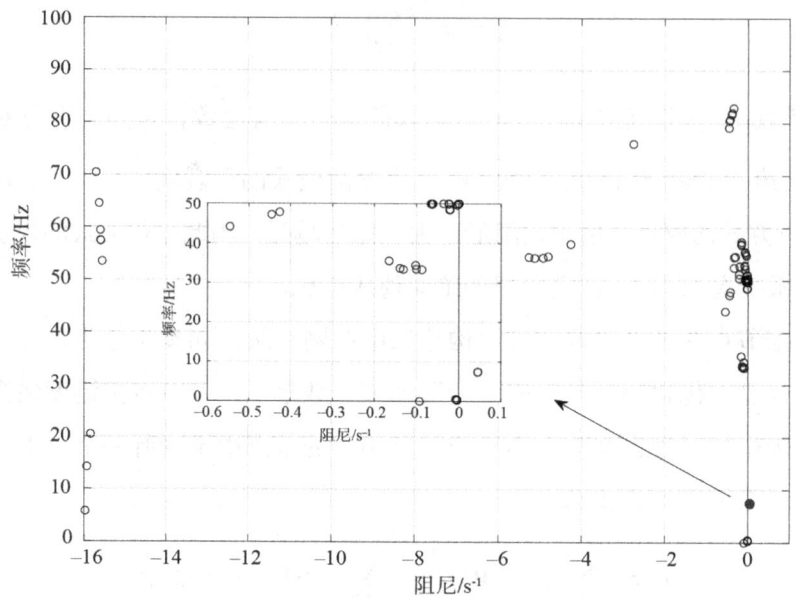

图 3-7 振荡模式散点图

3.4.2 频域量化指标

1. 节点和回路对模式的参与因子

针对不稳定的次同步振荡模式，记为 s_c，计算各节点和回路对模式 s_c 的参与因子。将振荡模式 s_c 代入节点导纳矩阵和回路阻抗矩阵，得到 $Y(s_c)$ 和 $Z(s_c)$，计算矩阵 $Y(s_c)$ 和 $Z(s_c)$ 的特征值，其零特征值对应的右和左特征向量分别为

$$R = [-0.004 - \text{j}0.005 \quad -0.002 + \text{j}0.001 \quad 1.075 - \text{j}0.169$$
$$1.045 - \text{j}0.141 \quad 1.014 - \text{j}0.033 \quad 1.039 - \text{j}0.122 \quad 1.045 - \text{j}0.128 \quad (3-85)$$
$$1.045 - \text{j}0.136 \quad 0.948 + \text{j}0.09 \quad 1.008 - \text{j}0.019 \quad 1]^\text{T}$$

$$H^\text{T} = [0 \quad 0 \quad 0.115 - \text{j}0.001 \quad 0.112 + \text{j}0.002$$
$$0.107 + \text{j}0.012 \quad 0.111 + \text{j}0.003 \quad 0.111 + \text{j}0.003 \quad (3-86)$$
$$0.111 + \text{j}0.002 \quad 0.098 + \text{j}0.024 \quad 0.106 + \text{j}0.014 \quad 0.105 + \text{j}0.016]$$

$$F = [0.174 + \text{j}0.117 \quad 0.644 \quad -0.159 - \text{j}0.005 \quad -0.126 - \text{j}0.004$$
$$-0.094 - \text{j}0.004 \quad -0.58 - \text{j}0.135 \quad -0.278 - \text{j}0.032 \quad -0.238 - \text{j}0.032]^\text{T} \quad (3-87)$$

$$W^T = [0.205+j0.074 \quad 0.65-j0.163 \quad -0.162+j0.036 \quad -0.128+j0.03$$
$$-0.096-j0.019 \quad -0.62+j0.011 \quad -0.289+j0.038 \quad -0.240+j0.028] \tag{3-88}$$

其中，R 和 H^T 分别为 $Y(s_c)$ 零特征值对应的右和左特征向量，F 和 W^T 分别为 $Z(s_c)$ 零特征值对应的右和左特征向量。

将式（3-85）和式（3-86）代入式（3-20），计算各节点的参与因子，结果如表 3-3 所列，表中数据用百分数表示。根据表 3-3，除了外部系统连接节点（节点 #1 和节点 #2）的参与因子为零外，其他各节点的参与因子相差不大。这是由于系统发生次同步振荡时，各节点电压中次同步振荡分量相较于工频分量幅值非常小，几乎可以忽略不计，因此各节点区别不显著。相较于其他节点，节点 #3 和节点 #4 的参与因子最大，其中节点 #3 为沽源变电站与串补输电线路连接节点，节点 #4 为各聚风电场接入沽源变电站节点，可以将这两个节点当作次同步振荡的主要参与节点。

表 3-3　节点参与因子

节　点	参与因子 /%	节　点	参与因子 /%	节　点	参与因子 /%
1	0.00	5	10.76	9	9.49
2	0.00	6	11.44	10	10.62
3	12.38	7	11.60	11	10.46
4	11.63	8	11.61	—	—

将式（3-86）和式（3-88）代入式（3-37），计算各回路的参与因子，结果如表 3-4 所列，表中数据用百分数表示。根据表 3-4，次同步振荡的主要参与回路为回路 #1 和回路 #6。根据式（2-35），回路 #1 由支路 #1、支路 #2 和支路 #12 组成，其为串补输电线路构成的回路，回路 #6 由支路 #2、支路 #3、支路 #4、支路 #8、支路 #9 和支路 #17 组成，其为义缘聚合风电场发出的风电经串补线路输出回路。根据表 3-3 和表 3-4，系统的次同步振荡为全局振荡模式，主要影响区域为各聚合风电场和串补输电线路。

表 3-4 回路参与因子

回　路	参与因子/%	回　路	参与因子/%	回　路	参与因子/%
1	4.40	4	1.59	7	7.82
2	41.49	5	0.88	8	5.78
3	2.54	6	35.50	—	—

2. 设备灵敏度和支路可观度

根据式（3-44），计算系统各设备对次同步振荡模式的灵敏度，结果如表 3-5 所列。可以看出，串补输电线路和各聚合风电场的灵敏度较高，它们是引发次同步振荡的关键设备。由此可以判断，系统发生次同步振荡是风电场经串补线路输出功率造成的。这与从电路阻抗角度分析得到的振荡机理一致。在选取的研究工况下，各聚合风电场中，九龙泉、恒泰、莲花滩风电场的灵敏度更高，这与风电场外送线路的电气距离、风电场并网风机台数以风速的空间分布有关。由于实际系统中各风电场外送线路阻抗的差别很小，且风速均为 5 m/s，因此风电场的灵敏度主要受到并网风机台数的影响。当更多风电机组并网运行时，风电场的阻抗会减小，导致系统的等效负电阻减小。

表 3-5 设备灵敏度

设　备	灵敏度	设　备	灵敏度	设　备	灵敏度
Z_{GY-HH}	12.63%	Z_{CB-GY}	0.13%	Z_{WHT}	11.74%
Z_{GY-TP}	12.57%	Z_{YY-CB}	0.21%	Z_{WLHT}	11.74%
Z_{S2}	0	Z_{CB-WCB}	0.01%	Z_{WYY}	9.61%
Z_{GY}	0	Z_{BLS-CB}	0	Z_{WCB}	10.58%
Z_{JLQ-GY}	0	Z_{HH-TP}	0	Z_{WBLS}	10.75%
Z_{HT-GY}	0	Z_{S1}	0	—	—
Z_{LHT-GY}	0	Z_{WJLQ}	11.58%	—	—

根据式（3-52），计算各支路对次同步振荡模式的可观度，结果如表 3-6 所列，表中数据用百分数表示。可以看出，支路 #1、支路 #4 和支路 #8 对次同步振荡模式的可观度较高，其中，支路 #1 为串补输电线路，支路 #4 为所有聚合风电场的风电功率输送支路，支路 #8 为义缘、察北、白龙山 3 个聚合

风场的风电功率输送支路。为了更直观地描述系统次同步振荡电流的分布情况，将各支路的可观度标注在系统阻抗网络中，如图 3-8 所示，箭头表示振荡路径。

表 3-6 支路可观度对比

支路	模式分析 /%	仿真计算 /%	误差 /%	支路	模式分析 /%	仿真计算 /%	误差 /%
1	9.39	10.03	0.63	11	2.73	2.59	0.15
2	7.55	6.66	0.89	12	2.38	2.89	0.51
3	9.75	9.84	0.09	13	7.32	8.69	1.37
4	16.94	17.37	0.43	14	1.81	2.41	0.60
5	1.81	2.41	0.60	15	1.43	1.89	0.45
6	1.43	1.89	0.45	16	1.07	1.46	0.40
7	1.07	1.46	0.40	17	6.77	4.70	2.07
8	12.66	11.34	1.32	18	3.18	3.04	0.14
9	6.77	5.70	1.07	19	2.73	2.59	0.15
10	3.18	3.04	0.14	—	—	—	—

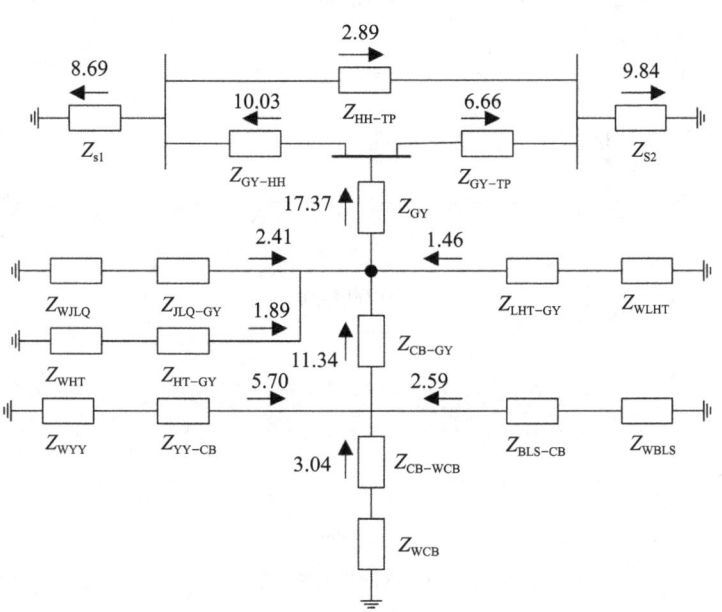

图 3-8 次同步振荡电流分布

3.4.3 电磁暂态仿真验证

在电磁暂态仿真软件PSCAD/EMTDC上,搭建目标系统的电磁暂态模型,总仿真时长为11 s。初始时,输电线路的串联电容没有投入,使系统保持稳定;1 s时,投入串联电容。仿真结果如图3-9所示,其中,图3-9(a)为沽源变电站上送电流的波形图,图3-9(b)为电流的FFT频谱分析结果,图3-9(c)为电流中提取的次同步分量。根据仿真结果,当串联电容接入时,系统发生了次同步振荡,次同步电流逐渐发散。经过FFT计算,如图3-10所示,次同步振荡模式的振荡阻尼和振荡频率分别为 $-0.052\ 5\ s^{-1}$ 和 7.4 Hz(频率分辨率为 0.1 Hz),与频域模式分析的计算结果一致。由此验证了所提出方法的准确性。

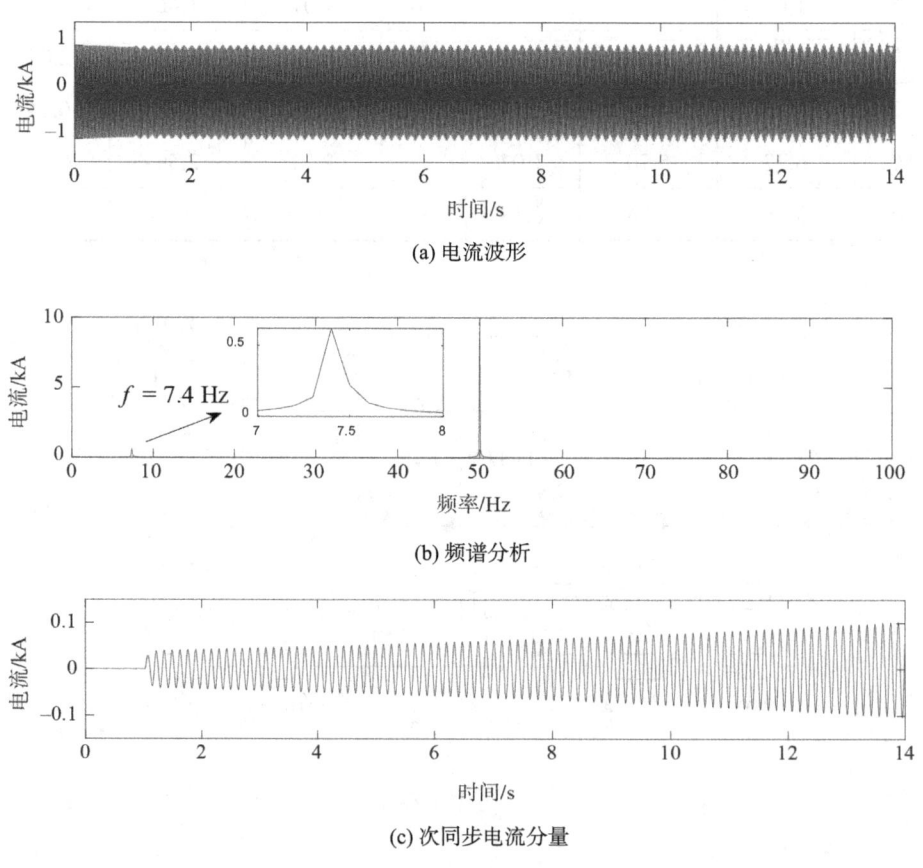

图3-9 沽源变电站上送电流

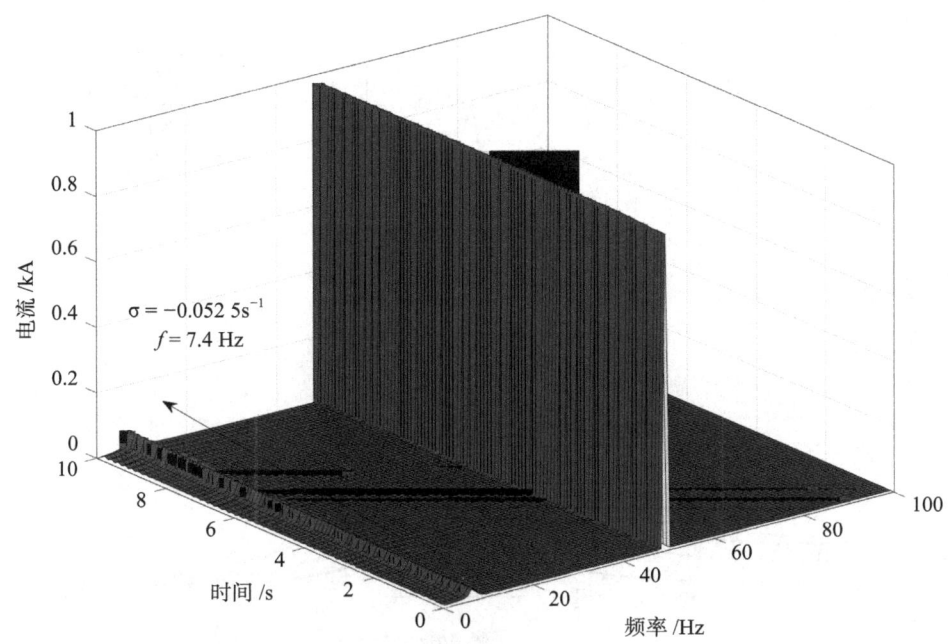

图 3-10 沽源变电站上送电流的 FFT 分析

根据支路可观度的定义式（3-48），通过仿真计算各支路对次同步振荡模式的可观度。首先，对某回路施加单位脉冲电压激励，获得各支路的电流。其次，通过 FFT 分析提取支路电流中的次同步分量，如图 3-11 和图 3-12 所示。图 3-11 为 500 kV 输电网络中各支路电流的 FFT 分析结果，图 3-12 为 220 kV 风电汇集系统中各支路电流的 FFT 分析结果，其中，支路 #14～支路 #19 的支路电流分别与支路 #5～支路 #11 的支路电流相同，未在图中重复展示。最后，计算各支路电流中次同步分量的幅值，并将不同电压等级的线路电流进行标幺化后代入式（3-48），得到各支路对模式的可观度。将所得结果与频域模式分析的结果进行对比，如表 3-6 所列。其中，误差一栏为两种计算方法所得结果差值的绝对值。可以看出，两种方法的计算结果大致相同，支路可观度的最大误差为 1.37%。

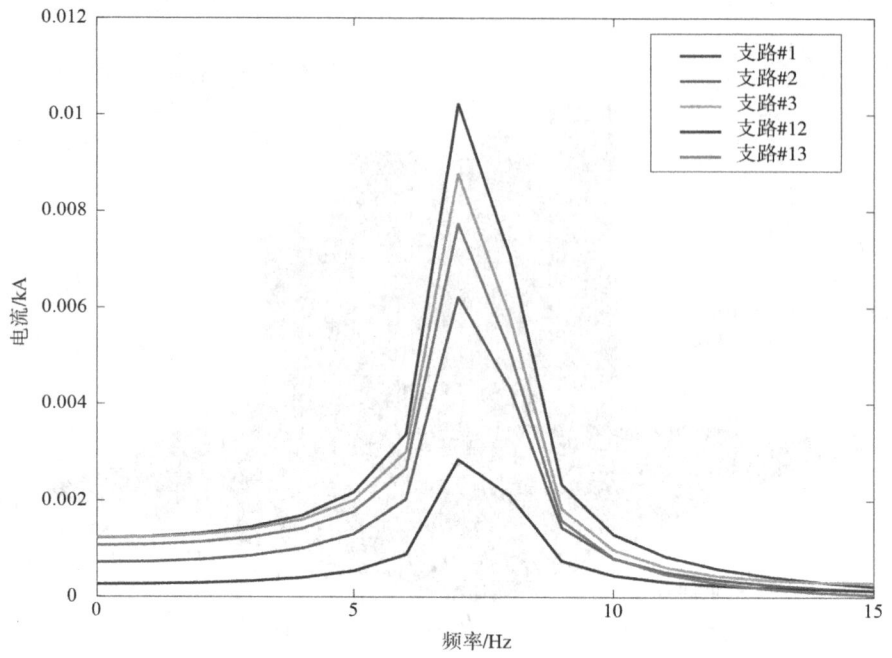

图 3-11　500 kV 输电网络中各支路观测到的次同步振荡电流

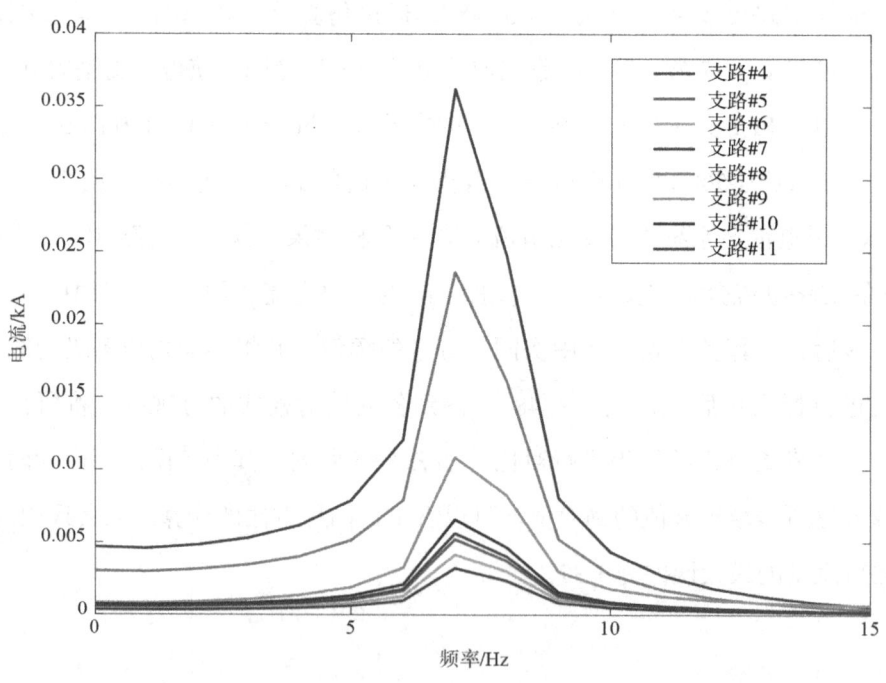

图 3-12　220 kV 风电汇集系统中各支路观测到的次同步振荡电流

3.5　本章小结

风电并网系统次/超同步振荡传播范围广泛、参与设备众多、影响因素复杂，为了深入分析振荡特征，本章提出了可以量化振荡空间分布特征和设备间相互作用的频域模式分析方法，能够获取关于振荡模式的丰富信息，为系统的动态监测和振荡防控工作提供有力依据。总结如下：

① 通过求解 s 域节点导纳矩阵或回路阻抗矩阵的行列式零点，可以获取系统的全部振荡模式，当系统维度较高时，可以使用频率分段分析技术，有效降低模型的阶数，避免高维复杂系统的"维数灾"问题。另外，当仅需关注系统的主导振荡模式时，可以直接通过频率响应曲线的过零点或者峰值点来定位振荡模式，避免求解高阶多项式带来的巨大计算量。

② 建立了节点/回路参与因子、设备灵敏度、支路可观度等频域量化指标，基于节点导纳矩阵和回路阻抗矩阵推导了上述指标的计算公式。根据频域量化指标，可以确定振荡的影响区域和中心位置、定位引发振荡的关键设备以及发现振荡电流的空间分布规律，相比于特征值分析，获取的信息更加直观，方便了实际工程应用。

③ 基于上述频域量化指标，提出了阻抗网络模型的聚合判据和聚合指标，从而得到阻抗网络的最佳聚合端口，通过所选端口获得的聚合阻抗（导纳）可以准确表征系统小扰动动态特性，进而开展基于聚合阻抗的振荡稳定性分析。进一步，综合节点可观度和可控度衡量节点在振荡监测系统的重要性，建立了次同步相量测量装置的优化配置模型，为测量装置的最佳选址提供重要指导。

第4章　风电并网系统次/超同步振荡安全域分析

由于风能的随机性，风电机组的输出功率时刻变化，导致风电并网系统运行方式多变。在某些运行方式下，系统会发生次/超同步振荡事故，危害系统的安全运行。因此，有必要构建风电并网系统的次/超同步振荡安全域，给出避免系统次/超同步振荡失稳的运行范围。进一步，根据当前工作点到安全域边界的距离衡量系统的安全裕度，一旦发生振荡事故，可以通过安全域得到合理的调整方向，从而为系统的振荡防控与安全稳定运行提供重要指导。

然而，目前少有文献针对次/超同步振荡安全域展开研究。文献[57]提出了小扰动安全域的概念，是指在可调参数空间（或注入空间）中所有能够保证系统小扰动稳定性的工况集合。小扰动失稳包括单调失稳和振荡失稳两类，但这里的振荡失稳大多针对低频或超低频振荡，并未涉及次/超同步振荡。文献[60]提出了面向次/超同步振荡的参数稳定域，用于研究控制器参数对振荡稳定性的影响，所构建的稳定域随运行方式的变化而变化，因此难以对系统的安全运行提供指导。构建安全域的关键在于确定其边界，文献[57]和文献[59]采用逐点分析的思路，基于特征值分析或时域仿真判断系统在各个工况下的稳定性，通过遍历查找临界稳定点构成安全域边界。

考虑到大规模风电并网系统结构复杂，维度极高，如果采用传统分析方法求解系统的次/超同步振荡模式进而判稳，计算量会非常大，甚至产生"维数灾"问题，再加上遍历查找法需要分析系统在大量工况下的振荡稳定性，导致安全域构建效率低、耗时长。为了解决上述问题，本章提出了风电并网系统次/超同步振荡安全域的概念及其构建方法。

首先，选取各个风电场的注入功率作为风电并网系统次／超同步振荡安全域的定义空间，注入空间中的每个点代表系统的一个工况，从而反映不同工况（稳态工作点）下系统的次／超同步振荡稳定性；其次，提出基于聚合阻抗的振荡稳定性分析方法和基于预测－校正技术的安全域边界搜索方法，通过聚合阻抗频率特性曲线的过零点直接定位次／超同步振荡模式，避免了求解全部振荡模式带来的巨大计算量，并根据相邻安全域边界点距离相近的特点，采用预测－校正技术在上一个边界点的附近搜索下一个边界点，与传统的遍历查找法相比，大大减少了搜索次数，显著提高了安全域边界搜索效率；再次，根据单一主导振荡模式的安全域边界具有良好的光滑线性的特点，采用超平面对安全域边界点进行拟合，获得工程实用的风电并网系统次／超同步振荡安全域；最后，根据安全域建立系统运行状态多维评价指标，包括稳定裕度衡量指标和概率稳定评估指标，并将安全域边界表达式作为次／超同步振荡稳定约束引入系统优化问题中，获得系统的最优控制信息。

本章 4.1 节给出了风电并网系统次／超同步振荡安全域的定义；4.2 节提出了基于聚合阻抗的次／超同步振荡稳定性分析方法和基于预测－校正技术的安全域边界搜索方法，并给出了安全域边界的超平面拟合法；4.3 节基于安全域建立了系统运行状态多维评价指标；4.4 节对本章内容进行了小结。

4.1 风电并网系统次／超同步振荡安全域的定义

本节首先选取各个风电场的注入功率作为风电并网系统次／超同步振荡安全域的定义空间，功率注入空间的每个点代表系统的一个工况，其次给出风电并网系统次／超同步振荡安全域的定义，是指功率注入空间中保证系统次／超同步振荡稳定的工况集合。

4.1.1 风电并网系统次／超同步振荡安全域的定义空间

风电并网系统次／超同步振荡影响因素复杂，这里主要分析系统工况，即稳态工作点对振荡稳定性的影响。风电并网系统的工况主要受外界风速的影响，导致各个风电场的注入功率发生波动，系统的稳态工作点也随之变化。因此，用各个风电场的注入功率代表系统的工况，作为风电并网系统次/超同步振荡安全域的定义空间，可表示为

$$h = [P_1, Q_1, P_2, Q_2, \cdots, P_N, Q_N] \in \mathbf{R}^{2N} \quad (4-1)$$

其中，P_i 和 Q_i ($i=1, 2, \cdots, N$) 分别为风电并网系统中各个风电场的注入有功功率和无功功率，N 为风电场的数量。

选取各个风电场的注入功率构成安全域的定义空间，能够为安全域分析带来以下便利：

① 反映了运行方式对系统次/超同步振荡稳定性的影响，可以直观地评估系统在不同工况下的稳定性以及安全裕度，从而为系统的振荡防控和运行方式优化提供依据。

② 安全域对于既定的网络拓扑和系统设备参数是唯一确定的，不随运行方式的变化而改变。计算得到安全域后，可以将其存于数据库，供以后分析和计算选用，无需根据系统当前的运行状态重复计算[89]。

特别地，考虑到风电场主要向电网输送有功功率，在某些条件下，可以只研究风电场有功功率注入空间上的安全域，从而降低安全域维数，便于计算、分析和可视化。根据2.2.1节所述，在风电并网系统阻抗网络建模时，为了简化分析且不失一般性，将距离相近且类型相同的风电机组组成一个聚合风电场，聚合风电场内部所有的风电机组均通过箱式变压器连接于同一条母线上。假设同一时刻单台机组出力相同，风电场的输出功率等于单台机组出力乘以并网风机台数。在系统正常运行时，各个风电场并网风机台数固定，风电场的输出功率仅随单台机组出力的变化而改变。因此，在后续分析时，直接将各个聚合风电场的单台机组输出有功功率作为安全域的定义空间，可表示为

$$h = [p_1, p_2, \cdots, p_N] \in \mathbf{R}^N \quad (4-2)$$

其中，p_i ($i=1, 2, \cdots, N$) 为各个聚合风电场的单台风电机组的注入有功功率。

4.1.2 风电并网系统次/超同步振荡安全域的定义

风电功率注入空间的每个点代表系统的一个工况（稳态工作点），风电并网系统次/超同步振荡安全域描述的是风电功率注入空间中保证系统次/超同步振荡稳定的工况集合。

给定风电功率注入空间，记作 $\boldsymbol{h}=[p_1, p_2]$，注入空间中的点与次/超同步振荡安全域的对应关系如图 4-1 所示。将系统在注入空间中任一点 $\boldsymbol{h}_i$ 代表的工况下的次/超同步振荡阻尼记作 $\sigma_{c/s}(\boldsymbol{h}_i)$，振荡阻尼的具体计算方法将在 4.2.1 节详述。若 $\sigma_{c/s}(\boldsymbol{h}_i)$ 大于（小于）零，表示该工况下次/超同步振荡稳定（不稳定），相应地，点 $\boldsymbol{h}_i$ 将位于次/超同步振荡安全域内（外）；若 $\sigma_{c/s}(\boldsymbol{h}_i)$ 等于零，表示该工况下次/超同步振荡临界稳定，那么点 $\boldsymbol{h}_i$ 位于次/超同步振荡安全域边界上。综上，风电并网系统次/超同步振荡安全域和其边界可以表示为

$$\Omega_{\mathrm{SR}} = \{\boldsymbol{h} \mid \sigma_{c/s}(\boldsymbol{h}) > 0\} \quad (4-3)$$

$$\partial\Omega_{\mathrm{SR}} = \{\boldsymbol{h} \mid \sigma_{c/s}(\boldsymbol{h}) = 0\} \quad (4-4)$$

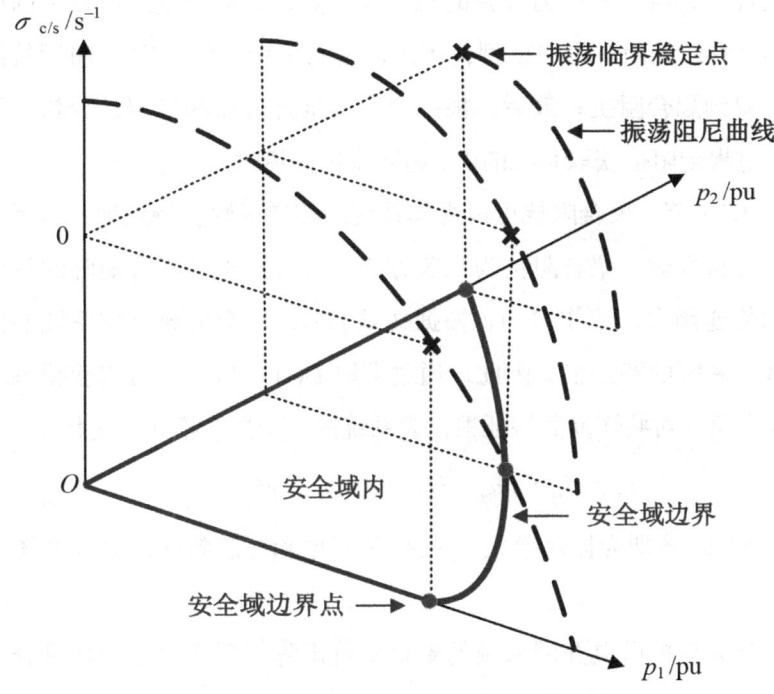

图 4-1 次/超同步振荡安全域的概念

4.2　风电并网系统次/超同步振荡安全域的边界搜索方法

构建风电并网系统次/超同步振荡安全域的关键在于获取其边界，它由注入空间中一系列次/超同步振荡临界稳定点构成。本节首先提出基于聚合阻抗频率特性的次/超同步振荡模式获取方法，可以快速准确判断系统在各个工况下的振荡稳定性；其次，提出基于预测-校正技术的安全域边界搜索方法，能够高效搜索注入空间中不同功率增长方向上的次/超同步振荡临界稳定点，进而构成安全域边界。

4.2.1　基于聚合阻抗的全工况振荡稳定性分析

为了得到风电功率注入空间上的次/超同步振荡安全域，需要评估系统在注入空间任一点所代表的工况下的次/超同步振荡稳定性，这里提出了基于聚合阻抗的全工况振荡稳定性分析方法。该方法的基本思路是：首先，根据第2章所述，建立风电机组等设备的全工况阻抗模型；其次，对待分析工况展开潮流计算，得到各电力设备的稳态运行点，获取特定工作点下的设备阻抗，并建立系统的阻抗网络模型；再次，按照3.3.1所提方法，将阻抗网络进行聚合，得到聚合阻抗；最后，根据聚合阻抗开展振荡稳定性分析。下面介绍如何通过聚合阻抗获取系统的次/超同步振荡模式。

根据3.3.1节，聚合阻抗可以视作系统的传递函数。特别地，当考虑设备的频率耦合特性时，聚合阻抗为二阶方阵，此时用聚合阻抗矩阵的行列式表示系统的传递函数，记作 $D(s)$。根据文献[21]，一个可观可控系统的传递函数极点等于系统的特征根。因此，通过求取 $D(s)$ 的极点，可以获得系统的特征根，其中每一对共轭复数特征根代表系统的一个振荡模式，记作

$$s_m = \sigma_m \pm j\omega_m \quad (m=1, 2, \cdots, M) \quad (4-5)$$

其中，σ_m 和 ω_m 分别为振荡模式 s_m 的振荡阻尼和振荡频率，M 为系统振荡模式总数。

考虑到大规模风电并网系统的聚合阻抗矩阵行列式通常为高阶分式多项式，求解其极点得到全部振荡模式存在困难，并且从大量的振荡模式中定位

次 / 超同步振荡模式也比较麻烦，因此，为了避免不必要的计算，本节利用 $D(s)$ 的频率特性获取系统的次 / 超同步振荡模式。

令 $s=\mathrm{j}\omega$，代入 $D(s)$，得到其频率特性 $D(\mathrm{j}\omega)$，其中，ω 为角频率。$D(\mathrm{j}\omega)$ 的实部和虚部分别称作等效电阻和电抗，记作 $R(\mathrm{j}\omega)$ 和 $X(\mathrm{j}\omega)$。$R(\mathrm{j}\omega)$ 和 $X(\mathrm{j}\omega)$ 的频率特性曲线的过零点与系统的振荡模式存在对应关系[51-52]。若振荡模式的实部远远小于虚部（该条件对关注的次 / 超同步振荡模式成立），可以根据过零点计算振荡模式的阻尼和频率。

以次同步振荡模式为例，将其记为 $s_\mathrm{s} = \sigma_\mathrm{s} + \mathrm{j}\omega_\mathrm{s}$，其中，$\sigma_\mathrm{s}$ 和 ω_s 分别为次同步振荡模式的阻尼和频率。若等效电抗曲线上存在一个次同步频率范围内的过零点，将过零点的频率记为 ω_X。由于次同步振荡模式在过零点附近，将聚合阻抗行列式 $D(s)$ 在过零点处进行一阶泰勒展开，可得

$$D(\sigma_\mathrm{s} + \mathrm{j}\omega_\mathrm{s}) \approx D(\mathrm{j}\omega_\mathrm{X}) + (\sigma_\mathrm{s} + \mathrm{j}\Delta\omega_\mathrm{s})\left.\frac{\mathrm{d}D(\mathrm{j}\omega_\mathrm{X})}{\mathrm{d}s}\right|_{s=\mathrm{j}\omega_\mathrm{X}} \quad (4-6)$$
$$= R(\mathrm{j}\omega_\mathrm{X}) + b_\mathrm{X}\sigma_\mathrm{s} + a_\mathrm{X}\Delta\omega_\mathrm{s} + \mathrm{j}[a_\mathrm{X}\sigma_\mathrm{s} - b_\mathrm{X}\Delta\omega_\mathrm{s}]$$

其中

$$a_\mathrm{X} = \left.\frac{\mathrm{d}R(\mathrm{j}\omega)}{\mathrm{d}\omega}\right|_{\omega=\omega_\mathrm{X}}, \quad b_\mathrm{X} = \left.\frac{\mathrm{d}X(\mathrm{j}\omega)}{\mathrm{d}\omega}\right|_{\omega=\omega_\mathrm{X}} \quad (4-7)$$

$$\Delta\omega_\mathrm{s} = \omega_\mathrm{s} - \omega_\mathrm{X} \quad (4-8)$$

由于 s_s 是 $D(s)$ 的零点，因此式（4-6）的实部和虚部都可以视作零，由此可以推出次同步振荡模式的阻尼和频率为

$$\sigma_\mathrm{s} = \frac{-b_\mathrm{X}}{a_\mathrm{X}^2 + b_\mathrm{X}^2}R(\mathrm{j}\omega_\mathrm{X}), \quad \omega_\mathrm{s} = \omega_\mathrm{X} + \frac{a_\mathrm{X}}{b_\mathrm{X}}\sigma_\mathrm{s} \quad (4-9)$$

若等效电阻曲线上存在一个次同步频率范围的过零点，将过零点频率记为 ω_R，同理可以推出该过零点对应的次同步振荡模式的阻尼和频率为

$$\sigma_\mathrm{s} = \frac{a_\mathrm{R}}{a_\mathrm{R}^2 + b_\mathrm{R}^2}X(\mathrm{j}\omega_\mathrm{R}), \quad \omega_\mathrm{s} = \omega_\mathrm{R} - \frac{b_\mathrm{R}}{a_\mathrm{R}}\sigma_\mathrm{s} \quad (4-10)$$

其中

$$a_{\mathrm{R}} = \left.\frac{\mathrm{d}R(\mathrm{j}\omega)}{\mathrm{d}\omega}\right|_{\omega=\omega_{\mathrm{R}}}, \quad b_{\mathrm{R}} = \left.\frac{\mathrm{d}X(\mathrm{j}\omega)}{\mathrm{d}\omega}\right|_{\omega=\omega_{\mathrm{R}}} \quad (4-11)$$

若等效电阻曲线或等效电抗曲线上存在一个超同步频率范围内的过零点，同样可以通过式（4-7）～式（4-10）计算超同步振荡模式。

由于次同步和超同步振荡模式具有耦合关系，获得次同步振荡模式后，也可以直接得到超同步振荡模式，可表示为

$$\sigma_{\mathrm{c}} = \sigma_{\mathrm{s}}, \quad \omega_{\mathrm{c}} = 2\pi f_1 - \omega_{\mathrm{s}} \quad (4-12)$$

其中，σ_{c} 和 ω_{c} 分别表示超同步振荡模式的阻尼和频率，f_1 为工频。由于两个振荡模式的阻尼相同，统一记作 $\sigma_{\mathrm{c/s}}$。

根据式（4-9）和式（4-10），若聚合阻抗行列式的等效电抗曲线上存在一个过零点，如果过零点处等效电阻与等效电抗斜率之积为正，则表明过零点对应的振荡模式稳定；反之，振荡模式不稳定。若聚合阻抗行列式的等效电阻曲线上存在一个过零点，如果过零点处等效电阻与等效电抗斜率之积为负，则表明过零点对应的振荡模式稳定；反之，振荡模式不稳定。上述结论与文献[90]所提的振荡稳定性判据一致。

4.2.2 基于预测-校正技术的安全域边界搜索方法

遍历查找法是最常见的安全域边界搜索方法，本小节首先介绍如何采用遍历查找法搜索次/超同步振荡安全域；其次，考虑到遍历查找法需要计算系统在注入空间各个工况下的次/超同步振荡稳定性，计算量大，耗时长，为了提高安全域边界搜索效率，提出了基于预测-校正技术的边界搜索方法，其利用相邻边界点距离相近的特点，在上一个边界点附近搜索下一个边界点，可以大大减少搜索次数，大幅提高计算效率。

1. 遍历查找法

遍历查找法是传统的安全域边界搜索算法[59]，也可以用来搜索次/超同步振荡安全域边界。其通过依次计算注入空间中各个工况的次/超同步振荡稳定性，获得次/超同步振荡临界稳定点，作为安全域边界点，进而连接构成安

全域边界。以二维注入空间为例，采用遍历查找法搜索次/超同步振荡安全域边界的示意图如图 4-2 所示，具体流程如下：

步骤 1 给定二维注入空间，记为 $[p_1, p_2]$，其中，$p_{\text{low}} \leqslant p_i \leqslant p_{\text{high}}$ ($i = 1, 2$)。

步骤 2 设置查找步长 dq 和遍历步长 dp。

步骤 3 给定查找起始点，记作 $\boldsymbol{P}_0 = [p_1, p_2]$，其中，$p_i = p_{\text{low}}$ ($i = 1, 2$)。

步骤 4 以查找步长 dq 逐步增大 p_2，根据 4.2.1 节所提的基于聚合阻抗频率特性的稳定性分析方法，计算目标系统在对应的各工况下次/超同步振荡模式的振荡阻尼，若出现振荡阻尼由正转负的情况，代表系统开始出现不稳定的次/超同步振荡模式，记录此时的工况，即为振荡临界稳定点，也就是安全域边界点。

步骤 5 以遍历步长 dp 逐步增大 p_1，根据步骤 4，得到沿着 p_1 增长方向下，系统的各个次/超同步振荡临界稳定点，直到 $p_1 > p_{\text{high}}$。

步骤 6 连接所有振荡临界稳定点，得到目标系统次/超同步振荡安全域边界，边界与注入空间 ($p_1 = p_{\text{low}}$, $p_2 = p_{\text{low}}$) 围成的区域为安全域，安全域内部的所有点均为次/超同步振荡稳定点。

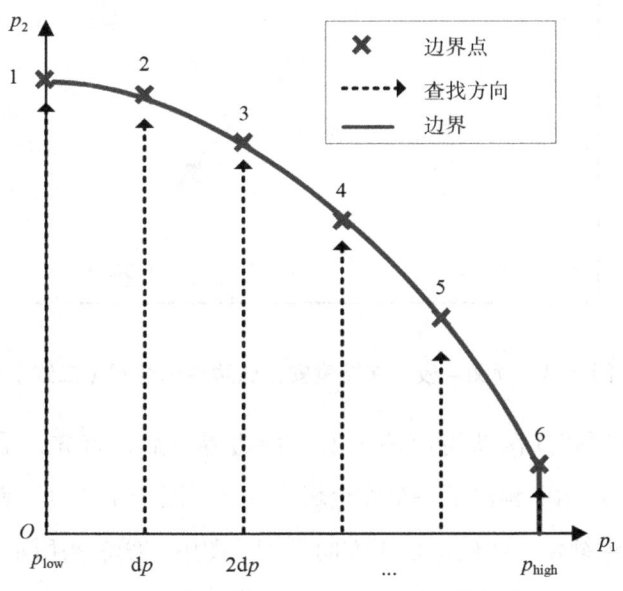

图 4-2 遍历查找法搜索安全域边界示意图

若安全域注入空间的维数增加,假设存在 n 维注入空间,首先,设置 $\boldsymbol{P}_0=[p_1, p_2, \cdots, pn]$ 作为查找起点,其中,$p_i=p_{\text{low}}(i=1,2,\cdots,n)$;其次,以遍历步长 $\mathrm{d}p$ 依次逐步增大 pi($i=1, 2, \cdots, n-1$),得到不同的功率增长方向;再次,以查找步长 $\mathrm{d}q$ 逐步增大 pn,查找各个功率增长方向下的次/超同步振荡临界稳定点;最后,连接所有振荡临界稳定点,构成安全域边界。

需要注意的是,可以通过改变查找步长提高安全域边界点的精度,也可以通过设置遍历步长增加安全域边界点的密度。

2. 基于预测 – 校正技术的二维安全域边界搜索

预测 – 校正法利用相邻边界点距离相近的特点,在上一个边界点的附近搜索下一个边界点,可以大大减少搜索次数,提高安全域边界搜索效率。以二维注入空间为例,通过预测 – 校正技术搜索次/超同步振荡安全域边界的过程如图 4-3 所示。

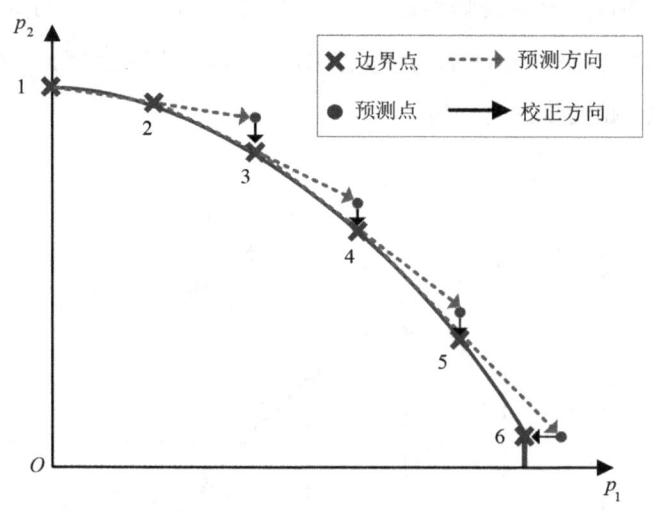

图 4-3 预测 – 校正法搜索安全域边界示意图(二维)

当通过遍历查找法获得前两个安全域边界点后,首先,沿着割线方向(图中虚线箭头所示)预测下一个安全域边界点(图中用"·"表示);其次,基于局部参数连续化方法确定校正方向[91-93](图中实线箭头所示);最后,将次/超同步振荡模式的振荡阻尼绝对值 $|\sigma_{c/s}(\boldsymbol{h})|$ 作为目标函数,以预测点为初值,

沿着校正方向进行一维搜索[94]，得到下一个安全域边界点（图中用"×"表示）。以此类推，得到各个安全域边界点，连接所有边界点构成安全域边界。搜索流程如图 4-4 所示，具体包括以下步骤：

步骤 1 给定二维注入空间，记为 $[p_1, p_2]$，其中，$p_{\text{low}} \leqslant p_i \leqslant p_{\text{high}}(i=1, 2)$；设置搜索精度为 ε，代表安全域边界点对应的工况下目标系统次/超同步振荡阻尼 $\sigma_{c/s}$ 需满足 $|\sigma_{c/s}| \leqslant \varepsilon$。

步骤 2 在注入空间中，以 $\boldsymbol{P}_0=[p_{\text{low}}, p_{\text{low}}]$ 为查找起点，采用遍历查找法查找前两个安全域边界点，用 t 表示安全域边界点编号，将获得的边界点记作 $\boldsymbol{P}_t=[p_{t1}, p_{t2}]$。

步骤 3 设定预测步长，沿着前两个安全域边界点的割线方向对下一个安全域边界点进行预测，并根据割线方向向量确定校正方向。

步骤 3-1 设置预测步长初始值 h_0 和最小预测步长 ζ，令 $h=h_0$。

步骤 3-2 根据预测步长，沿着割线方向预测下一个安全域边界点，将预测点记为 $\boldsymbol{P}_{t+1}^0=[p_1^0 \; p_2^0]$，可表示为

$$p_i^0 = p_{ti} + h \cdot \frac{d_i}{d_1} \quad (i=1,2) \tag{4-13}$$

其中

$$d_i = p_{ti} - p_{(t-1)i} \quad (i=1,2) \tag{4-14}$$

步骤 3-3 确定校正方向，记为 $\boldsymbol{R}=[r_1, r_2]$，假设 d_i ($i=1, 2$) 中绝对值最小的元素为 d_m，则校正方向 $\boldsymbol{R}$ 为

$$r_j = \begin{cases} 0, & j \neq m \\ 1, & j = m \end{cases} \tag{4-15}$$

步骤 4 以预测点为初始点，沿着校正方向进行一维搜索，得到下一个安全域边界点。

步骤 4-1 计算预测点 $\boldsymbol{P}_{t+1}^0$ 对应的工况下系统的次/超同步振荡阻尼 $\sigma_{c/s}$，若 $|\sigma_{c/s}| \leqslant \varepsilon$，令 $t=t+1$，预测点即为下一个安全域边界点，直接转到步骤 5。

步骤 4-2 以 $|\sigma_{c/s}(h)|$ 为目标函数，以预测点为初始点，使用进退法在校正方向上确定搜索区间，若存在搜索区间，则在搜索区间内通过二分法查找振荡临界稳定点，令 $t=t+1$，作为下一个安全域边界点；若不存在搜索区间，则减小预测步长 h，令 $h=\frac{1}{2}h$，返回步骤 3-2，直到 $h<\xi$，退出算法。

步骤 5 判断 $p_{ti}(i=1,2)$ 的大小，若存在 $p_{ti}\geq p_{high}$ 或 $p_{ti}\leq p_{low}$，进入步骤 6，否则返回步骤 4。

步骤 6 连接所有安全域边界点，得到目标系统次/超同步振荡安全域边界，边界与注入空间 $(p_1=p_{low}, p_2=p_{high})$ 围成的区域为安全域，安全域内部的所有点均为次/超同步振荡稳定点。

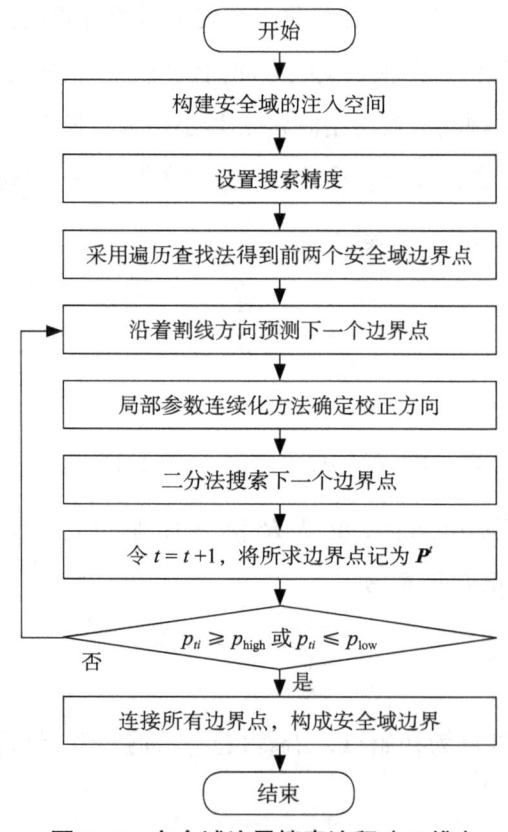

图 4-4 安全域边界搜索流程（二维）

在上述搜索过程中，可以通过改变搜索精度提高所得边界点的精度，同时也可以通过设置预测步长增加安全域边界点的密度。

3. 基于预测-校正技术的多维安全域边界搜索

当安全域注入空间的维数增加，假设存在 n 维注入空间，采用预测-校正法搜索安全域边界时，首先，使用预测-校正法沿着 p_1 增长方向搜索安全域边界点，构成注入空间中的 1 条边界线；其次，分别以上述安全域边界点作为搜索起点，保持 p_1 不变，继续采用预测-校正法沿着 p_2 增长方向搜索安全域边界点，直到得到沿着 $n-1$ 个功率增长方向的安全域边界点，具体步骤如下：

步骤1 给定 n 维注入空间，记为 $[p_1, p_2, \cdots, p_n]$，其中，$p_{\text{low}} \leqslant p_i \leqslant p_{\text{high}}$ ($i = 1, 2, \cdots, n$)；设置搜索精度为 ε。

步骤2 在注入空间中，以 $\boldsymbol{P}_0 = [p_1, p_2, \cdots, p_n]$ 为查找起点，其中 $p_i = p_{\text{low}}$ ($i = 1, 2, \cdots, n$)，采用遍历查找法查找第一个安全域边界点，用 t 表示安全域边界点编号，令 $t=1$，将获得的边界点记作 $\boldsymbol{P}_t = [p_{t1}, p_{t2}, \cdots, p_{tn}]$。

步骤3 令 $l=1$，代表沿着 p_l 增长方向搜索安全域边界点。

步骤4 在第一个边界点附近，沿着 p_l 增长方向，通过遍历查找法得到第二个安全域边界点，令 $t=2$，将获得的边界点记作 $\boldsymbol{P}_t = [p_{t1}, p_{t2}, \cdots, p_{tn}]$。

步骤5 设定预测步长 h，沿着前两个安全域边界点的割线方向对下一个安全域边界点进行预测，并根据割线方向向量确定校正方向。将预测点和校正方向分别记为 $\boldsymbol{P}_{t+1}^0 = [p_1^0 \quad p_2^0 \quad \cdots \quad p_n^0]$ 和 $\boldsymbol{R} = [r_1, r_2, \cdots, r_n]$，可以表示为

$$p_i^0 = \begin{cases} p_{it} + h \cdot \dfrac{d_i}{d_l} & (i = l, l+1, \cdots, n) \\ p_{it}, & (i = 1, 2, \cdots, l-1) \end{cases} \quad (4\text{-}16)$$

$$r_j = \begin{cases} 0, & j \neq m \\ 1, & j = m \end{cases} \quad (4\text{-}17)$$

其中

$$d_i = p_{it} - p_{i(t-1)} \quad (i = 1, 2, \cdots, n) \quad (4\text{-}18)$$

$$m \in \{l, l+1, \cdots, n\} \text{且} \operatorname{abs}(d_m) = \min(\operatorname{abs}(d_i)) \quad (i = l, l+1, \cdots, n) \quad (4\text{-}19)$$

步骤6 以预测点为初始点，以 $|\sigma_{c/s}(\boldsymbol{h})|$ 为目标函数，通过进退法在校正方向上确定搜索区间，采用二分法在搜索区间查找振荡临界稳定点，作为下

一个安全域边界点。

步骤7 判断 p_{ti} ($i=1, 2, \cdots, n$) 的大小,若存在 $p_{ti} \geq p_{high}$ 或 $p_{ti} \leq p_{low}$,转到步骤8,否则返回步骤3。

步骤8 令 $l=l+1$,对于步骤7中得到的每个安全域边界点,保持 p_i($i=1, 2, \cdots, l-1$) 不变,将该边界点作为沿着 p_l 增长方向搜索安全域边界点的第一个点,重复步骤4~步骤8,直到 $l=n$。

步骤9 根据搜索顺序依次连接各安全域边界点,构成目标系统次/超同步振荡安全域边界。安全域边界与注入空间围成的区域为安全域,安全域内部的所有点均为次/超同步振荡稳定点。

采用预测-校正法搜索三维安全域边界的过程如图4-5所示。首先,采用预测-校正法得到三维注入空间的一系列安全域边界点,即边界点1、2、3、4和5;其次,对于得到的每个边界点,保持 p_1 不变,将该边界点作为搜索二维安全域边界点的第一个点,分别调用二维安全域边界搜索算法,得到一系列安全域边界点;最后,按照搜索顺序,连接所有边界点,构成安全域边界。

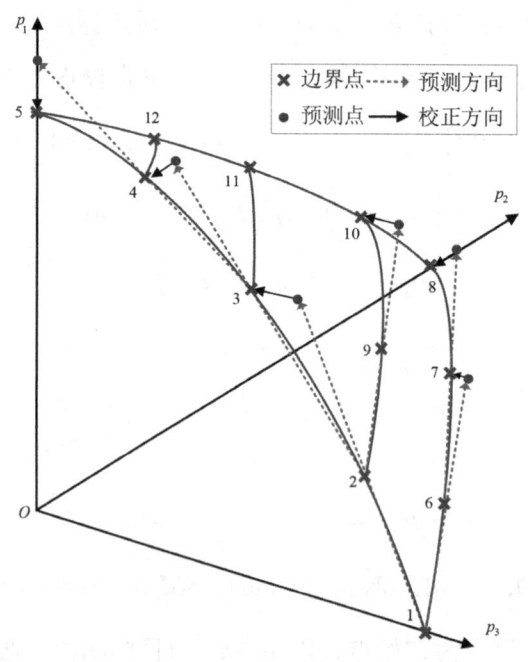

图4-5 预测-校正法搜索安全域边界示意图(三维)

4.2.3 风电并网系统次/超同步振荡安全域边界的超平面拟合

在获得安全域边界点后，为了刻画整体边界，需要进一步建立边界的解析表达式。由于系统中部分设备采用外特性辨识法获取其阻抗，因此难以通过理论推导得到边界的解析表达式，可行的途径是通过拟合逼近真实的边界，得到边界的近似表达式。为此，本小节根据安全域边界的拓扑性质，提出安全域边界的超平面拟合法，获得工程实用的次/超同步振荡安全域。

风电并网系统次/超同步振荡事件属于小扰动振荡失稳，因此风电并网系统次/超同步振荡安全域边界由 Hopf 分岔点构成。文献 [89] 和文献 [95] 研究由 Hopf 分岔点构成的小扰动安全域边界的拓扑性质时，发现对应单一主导振荡模式的安全域边界具有良好的光滑线性，因此提出小扰动安全域边界的超平面拟合法，得到了广泛的工程应用。本章所提的次/超同步振荡安全域是以次/超同步振荡模式为主导模式的安全域，因此同样可以采用一个或若干个超平面来拟合安全域边界，将超平面方程记成

$$\sum_{i=1}^{N} \alpha_i p_i = 1 \quad (4-20)$$

其中，p_i 为各风电场注入的有功功率，α_i 为超平面方程的系数。

根据 4.2.2 节所提的预测 - 校正法搜索得到边界点后，将各个边界点代入式（4-20），采用最小二乘法求解超平面系数，从而得到安全域边界的近似表达式。

为了说明超平面拟合的精度，计算搜索得到的各个边界点的拟合误差，将拟合误差定义为

$$w = \frac{\left|\sum_{i=1}^{N} \alpha_i p_i - 1\right|}{\sqrt{\sum_{i=1}^{N} \alpha_i^2} \sqrt{\sum_{i=1}^{N} p_i^2}} \quad (4-21)$$

其中，p_i 为边界点上各个风电场注入的有功功率，α_i 为超平面方程的系数。

4.3 基于次/超同步振荡安全域的系统运行状态多维评价指标

大规模风电并网系统的运行方式多变，为了保证系统的安全稳定运行，需要及时掌握系统的运行状态信息。为此，基于次/超同步振荡安全域提出系统运行状态多维评价指标。

一方面，收集当前运行点信息，根据运行点与次/超同步振荡安全域的位置关系计算安全距离，衡量系统的稳定裕度。另一方面，收集风速、光照等随机因素的短期预测结果，基于次/超同步振荡安全域进行概率稳定评估，得到振荡概率稳定指标，分析系统当前的振荡风险。进一步，找到振荡失稳的工况，提前做好预防措施。

4.3.1 稳定裕度衡量指标

如图4-6所示，将运行点到各安全域边界的垂直距离称为垂直方向安全距离，记作VSD，其中最短距离代表系统的稳定裕度。将运行点沿各轴向到距离最短安全域边界的距离称为水平方向安全距离，记作HSD，反映了各轴向表征参数的可调节裕度。基于HSD可以识别系统的薄弱环节，进而开展重点监测。各方向安全距离可表示为

$$\text{VSD}_j = \left| \sum_{i=1}^{N} \alpha_i^j p_i^0 - 1 \right| \bigg/ \sqrt{\sum_{i=1}^{N} \left(\alpha_i^j\right)^2} \qquad (4-22)$$

$$\text{HSD}_k = \left| \sum_{i=1}^{N} \alpha_i^j p_i^0 - 1 \right| \bigg/ \left| \alpha_k^j \right| \qquad (4-23)$$

其中，VSD_j 为运行点到第 j 个边界超平面的垂直方向安全距离，HSD_k 为运行点沿第 k 个坐标轴方向到边界的水平方向安全距离（假设第 j 个边界超平面为距离最短平面），p_i^0 为当前各节点的注入有功功率。

进一步，采用图形开发工具实现振荡安全域的可视化，从而直观地显示各评价指标计算结果，反映系统当前的振荡风险和稳定裕度，为振荡的有效控制提供关键信息。

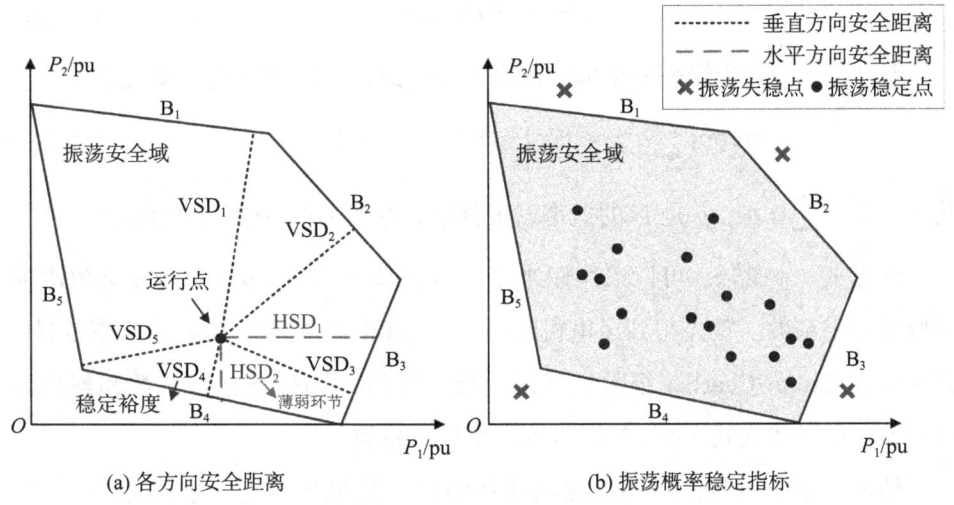

图 4-6 系统运行状态多维度评价指标

4.3.2 次/超同步振荡概率稳定评估指标

概率稳定性分析指的是根据影响系统稳定的随机因素的统计特性来确定系统的概率稳定指标。目前主要有解析法与模拟法两类方法。解析法将系统的特征值表示为随机变量的函数，由随机变量的概率分布近似推导特征值的概率分布。该方法通常需要对系统模型进行简化，因而降低了计算精度。模拟法一般借助蒙特卡洛法对系统可能的运行状态进行抽样，该方法可以计及多种随机因素，但需要对系统重复进行潮流计算与稳定性分析，计算量大，难以适用于大规模复杂系统。考虑到次/超同步振荡安全域描述了次/超同步振荡稳定性与系统工况的关系，其可以用于次/超同步振荡稳定校验，进而结合蒙特卡洛模拟进行概率稳定评估。为此，本小节提出了基于安全域的次/超同步振荡概率稳定评估方法。

1. 风电并网系统次/超同步振荡概率稳定系数

将风电并网系统次/超同步振荡概率稳定系数定义为考虑风电等随机因素下，系统不发生次/超同步振荡失稳的概率。在得到次/超同步振荡安全域后，可以利用安全域进行次/超同步振荡稳定校验，从而将概率稳定系数 r 表示为

$$r = \text{prob}(\boldsymbol{P} \in \Omega_{\text{SR}}) \quad (4-24)$$

基于次/超同步振荡安全域的超平面表达式，可以将 r 进一步表示为

$$r = \text{prob}\left(\sum \alpha_i p_i \leq 1\right) = \int g(U)\,\mathrm{d}U = 1 - G(U) \quad (4-25)$$

其中，$U = \sum \alpha_i p_i$，g 是 U 的概率密度函数，G 是 U 的概率分布函数。

根据式（4-25），可以采用以半不变量为基础的 Gram-Charlier 级数法求解概率稳定系数。首先得到风电机组输出功率和随机变量 U 的各阶半不变量；其次应用 Gram-Charlier 级数展开式逼近，得到 U 的概率密度函数和累积分布函数；最后代入式（4-25），得到概率稳定系数。

然而，半不变量法的前提是保证各随机变量相互独立，考虑到相邻风电场的风速间具有一定的相关性，若忽略其相关性会对计算结果产生影响。为此，下面采用蒙特卡洛法抽样得到计及相关性的风速随机序列，进而基于安全域计算概率稳定系数。

2. 考虑风速相关性的风速随机序列

为了最大化利用风能，风电场一般采取最大风能跟踪策略，在这一控制策略下，风电场的出力水平由风速决定。将风速 v 用 Weibull 分布表示，其概率密度函数为

$$f(v) = \frac{k}{c}\left(\frac{v}{c}\right)^{k-1} \exp\left[-\left(\frac{v}{c}\right)^k\right] \quad (4-26)$$

其中，c 和 k 分别为 Weibull 分布的比例参数和形状参数。

在最大风能跟踪策略下，风力发电机组的输出有功功率 p 与风速间的关系可以近似表示为

$$p = \begin{cases} 0, & v < v_{\text{ci}} \text{ 或 } v > v_{\text{co}} \\ \dfrac{v - v_{\text{ci}}}{v_r - v_{\text{ci}}} P_r, & v_{\text{ci}} \leq v < v_{\text{co}} \\ P_r, & v_r \leq v < v_{\text{co}} \end{cases} \quad (4-27)$$

其中，v_r、v_{ci} 和 v_{co} 分别为风力发电机组的额定风速、切入风速和切出风速，P_r 为风力发电机组的额定有功功率。

积矩相关系数是描述随机变量相关性的常用指标，但其多用于描述符合正态分布的随机变量的相关性。为了避免边缘分布类型的影响，这里采用秩相关系数来描述风速的相关性[96]。为了获得符合给定秩相关系数的风速随机序列，引入正态 Copula 函数，其把随机变量的联合分布函数与各自的边缘分布函数连接在一起，用来描述随机变量的相关性。关于基于 Copula 函数建立考虑随机变量相关性的样本抽样方法，可以参见文献[96]，这里不再赘述。基于正态 Copula 函数生成符合给定秩相关系数的服从 [0, 1] 均匀分布的随机变量序列 Y 后，可以根据等概率转化原则，得到服从 Weibull 分布的风速随机序列 V，即

$$V = F^{-1}(Y) \quad (4-28)$$

其中，F 为 Weibull 分布的累积分布函数。

3. 基于安全域的风电并网系统次/超同步振荡概率稳定评估方法

如图 4-7 所示，基于安全域的风电并网系统次/超同步振荡概率稳定评估方法的一般步骤为：

① 建立目标系统的风电并网系统次/超同步振荡安全域，得到安全域边界的超平面方程，如式（4-20）所示。

② 根据风速历史数据，通过极大似然法等参数估计方法获得各风电场风速的 Weibull 分布参数，并建立各风电场风速的秩相关系数矩阵 R，其中非对角元素 ρ_{ij} 表示风速间的秩相关系数，对角元素 ρ_{ii} 为 1。

③ 设定抽样次数 N，生成秩相关系数矩阵为 R 的服从 Weibull 分布的风速随机序列 V，可表示为

$$V = \{v_{ij}, i=1, 2, \cdots, N_\mathrm{w}; j=1, 2, \cdots, N\} \quad (4-29)$$

其中，N_w 为风电场个数。

④ 将风速随机序列 V 中的数值依次代入式（4-27），得到各风电场单台风力发电机组输出的有功功率。风电场的输出功率为单台机组输出功率与并网机组台数的乘积，从而得到各风电场输出功率的抽样数据集合 P，可表示为

$$P = \{p_{ij}, i=1, 2, \cdots, N_\mathrm{w}; j=1, 2, \cdots, N\} \quad (4-30)$$

⑤ 将所有风电场输出的有功功率进行组合，得到整个风电并网系统运行状态的抽样数据集合，记作 O，可表示为

$$O = \{o_j = [p_{1j}, p_{2j}, ..., p_{N_w j}], p_{ij} \in P\} \quad (4\text{-}31)$$

⑥ 对抽样数据集合 O 中的每一点 o_j，将其代入安全域边界超平面方程，判断该点是否位于次/超同步振荡安全域内，即是否满足

$$\sum_{i=1}^{n} \alpha_i p_{ij} \leq 1 \quad (4\text{-}32)$$

若点 o_j 满足式（4-32），代表该点对应的运行状态满足风电并网系统次/超同步振荡稳定约束，将抽样数据集合 O 中满足约束条件的样本个数记作 n_s。

⑦ 计算目标系统的次/超同步振荡概率稳定指标 r，计算公式为

$$r = \frac{n_s}{N} \times 100\% \quad (4\text{-}33)$$

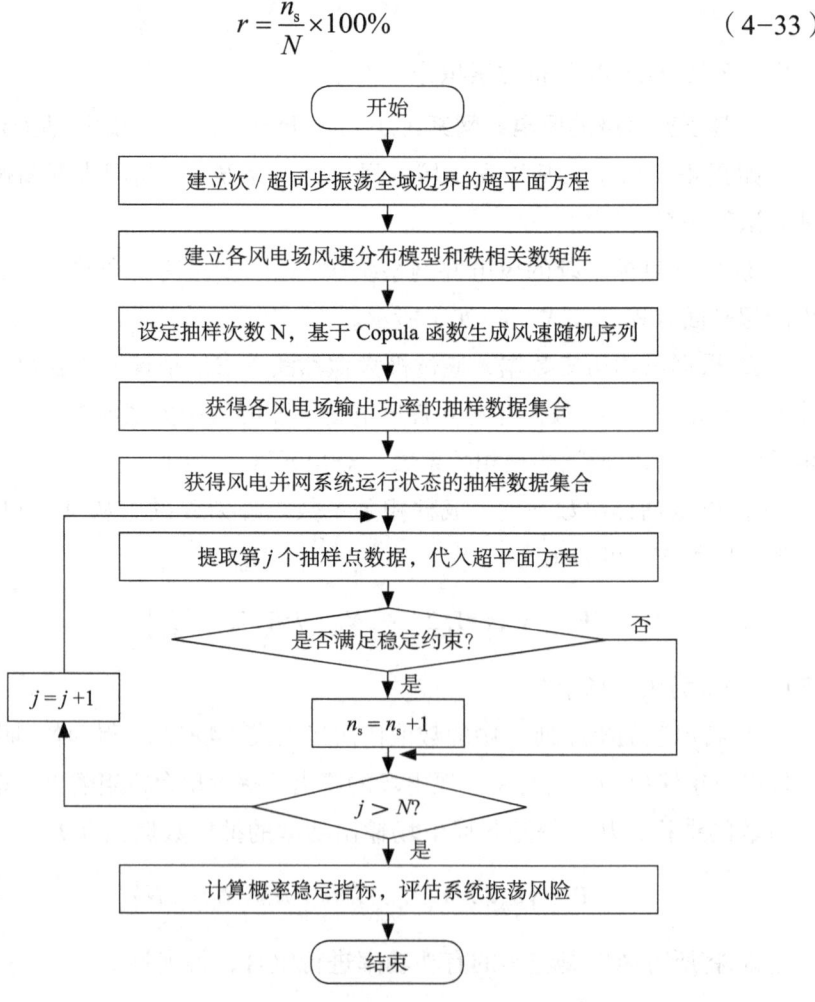

图 4-7 次/超同步振荡概率稳定评估流程

4.3.3 建立振荡稳定约束的控制优化模型

当系统稳定裕度不足时,可以通过优化系统运行方式来提升系统的稳定性。为了在线得到精确的控制策略,基于安全域提出了计及振荡稳定约束的运行方式优化模型。

这里以风电并网系统为例。首先,确定运行方式优化模型的目标和决策变量。根据运行实践,可以通过有选择性的投入/停运部分风电机组的方法来提升系统的安全水平。因此,可以将弃风功率最小和各风电场需要切除的机组台数作为目标和决策变量。其次,建立优化模型的约束条件。系统需要满足的约束条件包括潮流可行约束、电压稳定约束和热稳定约束等。这里重点关注振荡稳定约束,将系统稳定裕度大于设定的阈值作为约束条件。考虑到优化模型的决策变量为各风电场切除的机组台数,可以借助扩展注入空间振荡安全域,建立系统稳定裕度与机组台数的关系,从而得到约束条件,可表示为

$$\left(\sum_{i=1}^{N_w}\alpha_i p_i^0 + \sum_{i=1}^{N_w}\delta_i(n_i^0 - \Delta n_i) - 1\right) \bigg/ \sqrt{\sum_{i=1}^{N_w}\alpha_i^2 + \sum_{i=1}^{N_w}\delta_i^2} \geq \eta \quad (4-34)$$

其中,p_i^0 和 n_i^0 分别为风电场单台机组的输出有功功率和原始并网机组台数,Δn_i 为风电场切除的机组台数,N_w 为风电场个数,α_i 和 δ_i 为次/超同步振荡安全域边界超平面方程系数,η 为设定的稳定裕度阈值。

根据式(4-34),由于运行方式优化模型中的振荡稳定约束为决策变量的线性组合不等式,可以采用线性优化算法在线求解最优控制策略,提高系统的稳定水平。

4.4 本章小结

风电并网系统次/超同步振荡稳定性与系统、工况(稳态工作点)密切相关,为了研究风电并网系统在不同工况下的振荡稳定性,得到系统能够安全稳定的运行范围,本章开展了风电并网系统次/超同步振荡安全域分析。总

结如下：

① 将风电并网系统次/超同步振荡安全域定义在各个风电场的注入功率空间中，空间中的每个点代表系统的一个工况，从而可以根据安全域直观地评估系统在各个工况下的次/超同步振荡稳定性和安全裕度，为系统的安全稳定运行和运行方式优化提供指导。

② 提出了基于聚合阻抗频率特性的次/超同步振荡模式获取方法和基于预测–校正技术的安全域边界搜索方法，可以准确快速判断系统在任一工况下的振荡稳定性，并高效搜索注入空间的各个次/超同步振荡临界稳定点，进而构成安全域边界，在确保安全域精度的条件下，显著提高了安全域构建效率。

③ 采用超平面对安全域边界点进行拟合，得到了工程实用的次/超同步振荡安全域。根据安全域边界的近似表达式，建立了系统运行状态的评价指标，并进一步将边界作为次/超同步振荡稳定约束，求解相关优化问题，获得系统的安全裕度和最优控制信息。

第 5 章 大规模风电并网系统的应用算例

大规模风电等可再生能源的接入引发了电力系统的新型次/超同步振荡事件，它们降低了系统的稳定水平，危及电网的安全运行。为了准确评估实际风电并网系统的振荡风险，提前做好振荡防控工作，亟需开发针对大规模风电并网系统次/超同步振荡问题的分析工具。

本章根据第 2 章至第 4 章的论述，开发了涵盖阻抗网络建模、振荡稳定性分析和振荡安全域构建等多个功能的次/超同步振荡稳定性分析软件。运用软件分析了新疆哈密大规模风电并网系统的次/超同步振荡现象，所得结果通过了电磁暂态仿真验证，由此说明了所提方法对于实际复杂风电并网系统的适用性。

本章 5.1 节介绍了软件的主要功能和运行流程；5.2 节和 5.3 节以新疆哈密大规模风电并网系统为例，分别给出了系统阻抗网络建模和次/超同步振荡分析的结果；5.4 节对本章内容进行了小结。

5.1 次/超同步振荡稳定性分析软件

5.1.1 软件的功能模块

次/超同步振荡稳定性分析软件面向大规模风电并网系统，旨在分析系统的次/超同步振荡特性以及构建系统的次/超同步振荡安全域，为系统的振荡防控和安全稳定运行提供指导。软件的结构框架如图 5-1 所示，一共包括 5 个功能模块，其中，目标系统输入和运行结果输出模块是辅助功能模块，阻抗网络建模、振荡特性量化分析和振荡安全域构建模块是核心功能模块，阻抗网络建模模块为其他两个核心功能模块提供模型基础。

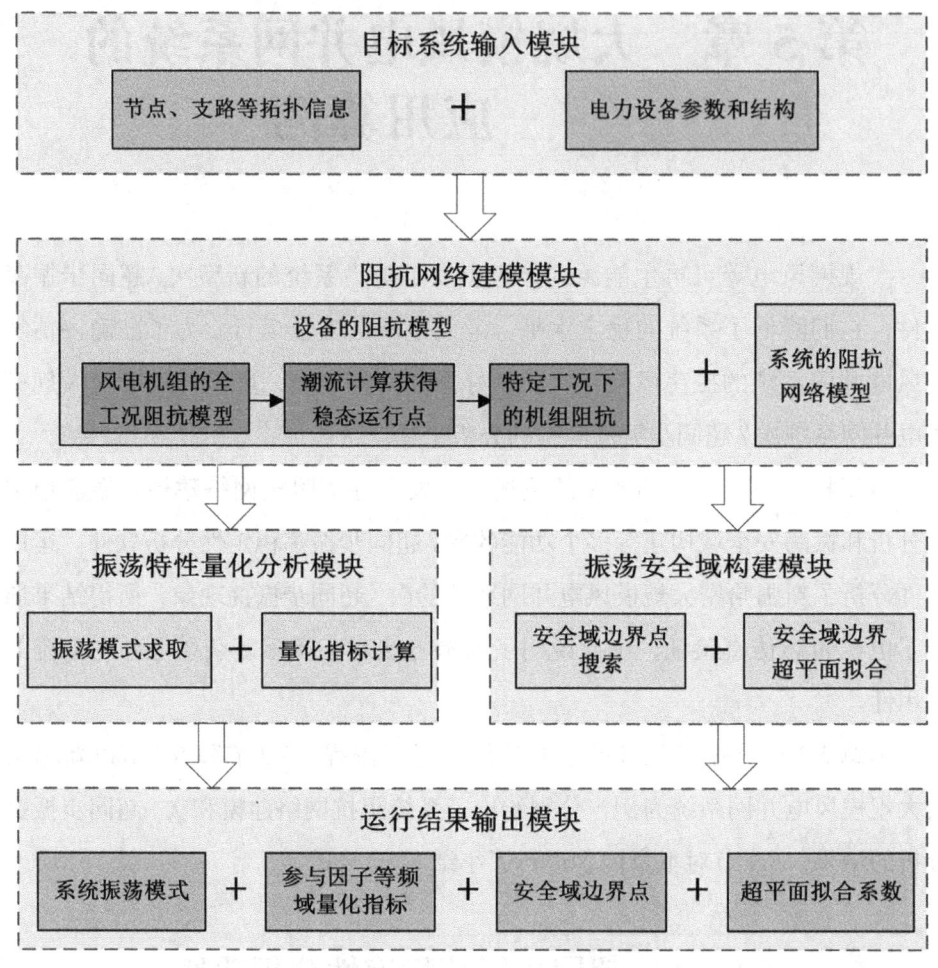

图 5-1　软件结构框图

目标系统输入模块实现用户输入功能。用户需要输入目标系统的节点、支路等拓扑信息以及电力设备的结构、参数等信息，这些信息以 excel 文件或 matlab 文件形式输入软件中。

阻抗网络建模模块实现设备的阻抗建模和系统的阻抗网络建模两个功能。根据设备的阻抗是否受到工况的影响，将设备分为两类，分别采取不同的建模方式。对于阻抗与工况无关的设备，如线路、变压器等，根据 2.2.2 节所述，使用机理推导或外特性辨识方法建立设备的阻抗模型。当需要考虑设备的频率耦合特性时，建立设备的频率耦合阻抗模型。对于阻抗与工况密切相关的设备，如风电机组等，根据 2.2.2 节所述，建立设备的全工况阻抗模型。通过潮流分析得到设备端口电压和电流相量，代入全工况阻抗模型得到指定工况下的设备阻抗。获得各设备阻抗后，将它们按照系统的拓扑结构互联，得到系统的阻抗网络模型，并建立网络的节点导纳矩阵。

振荡特性量化分析模块实现系统振荡稳定性分析功能。首先根据 3.3.1 节所述，将阻抗网络建模模块得到的阻抗网络模型在选定端口处进行聚合，得到网络的聚合阻抗。其次根据 4.2.1 节所述，通过聚合阻抗的频率特性曲线分析系统的振荡稳定性。若系统存在不稳定的振荡模式，进一步计算模式的振荡阻尼和频率。最后根据 3.2 节所提的频域模式分析方法，计算节点对模式的参与因子、可观度和可控度等频域量化指标。根据这些指标，分析振荡的影响范围，找到引发振荡的关键设备，获取振荡电压/电流在各节点和支路的分布信息。

振荡安全域构建模块实现系统次/超同步振荡安全域分析功能。将风电并网系统中各风电场的单机输出功率作为安全域注入空间，根据 4.2.2 节所述，使用预测 – 校正技术搜索注入空间中的次/超同步振荡安全域边界点，并采用超平面对安全域边界点进行拟合，拟合平面和注入空间围成的区域即为系统的次/超同步振荡安全域。

运行结果输出模块负责将软件执行结果输出给用户。运行结果包括指定工况下的系统振荡稳定性（若不稳定，给出振荡模式的振荡阻尼和频率）、频域模式分析得到的节点参与因子、灵敏度等频域量化指标，以及次/超同步振荡安全域边界点和超平面拟合系数等。所有运行结果将形成一个 excel 文件，方便用户进行保存。

5.1.2　软件的运行流程

软件的主界面如图 5-2 所示，分为目标系统输入和目标系统分析两部分。

软件的总体运行流程为：用户首先输入目标系统的相关文件和参数；然后根据分析目标，选择阻抗网络建模、振荡特性量化分析和振荡安全域构建三个功能模块的任一模块或者全部模块，对系统展开分析，待软件执行结束后，关键的计算结果将显示在界面上，同时部分结果也通过可视化处理展现出来，如图 5-3 所示；最后用户选择保存结果按钮，所有运行结果将形成一个 excel 文件，便于用户保存。

软件界面友好，操作简单。运行过程中，若需要用户输入相关参数，软件会弹出对话框告知用户。当用户输入错误信息，界面上会有相应的错误提示。软件的运行状态也会实时在界面上显示，比如正在运行中还是已完成计算，方便用户下一步操作。

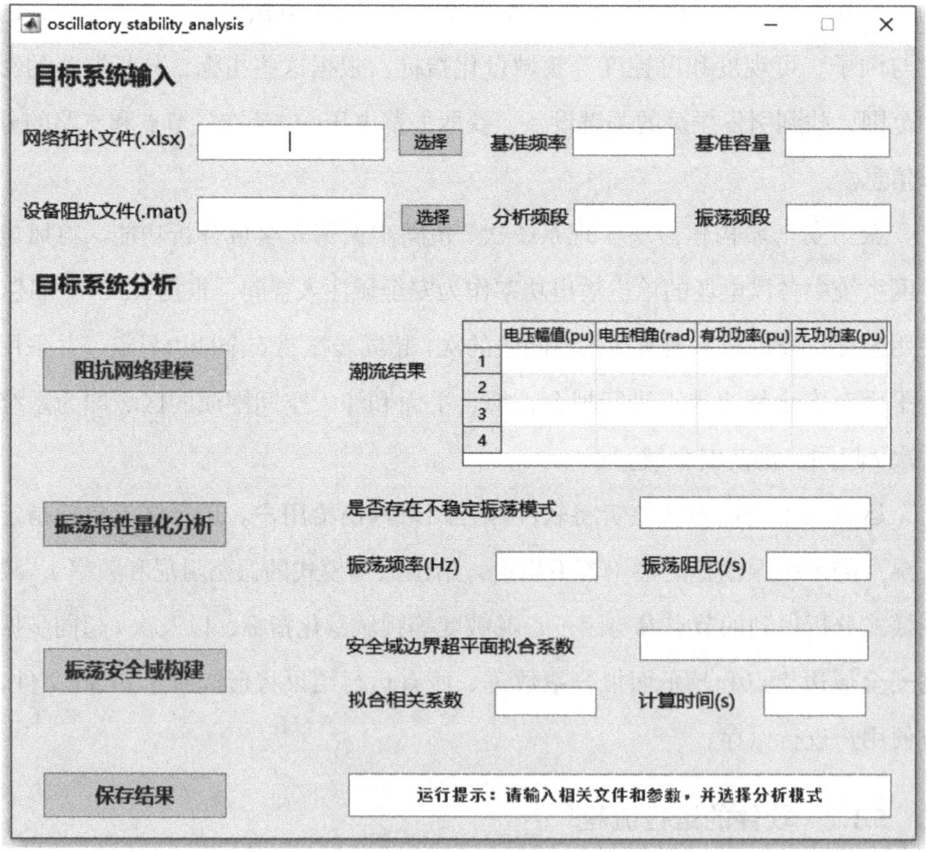

图 5-2 软件主界面

大规模风电并网系统的应用算例 第 5 章

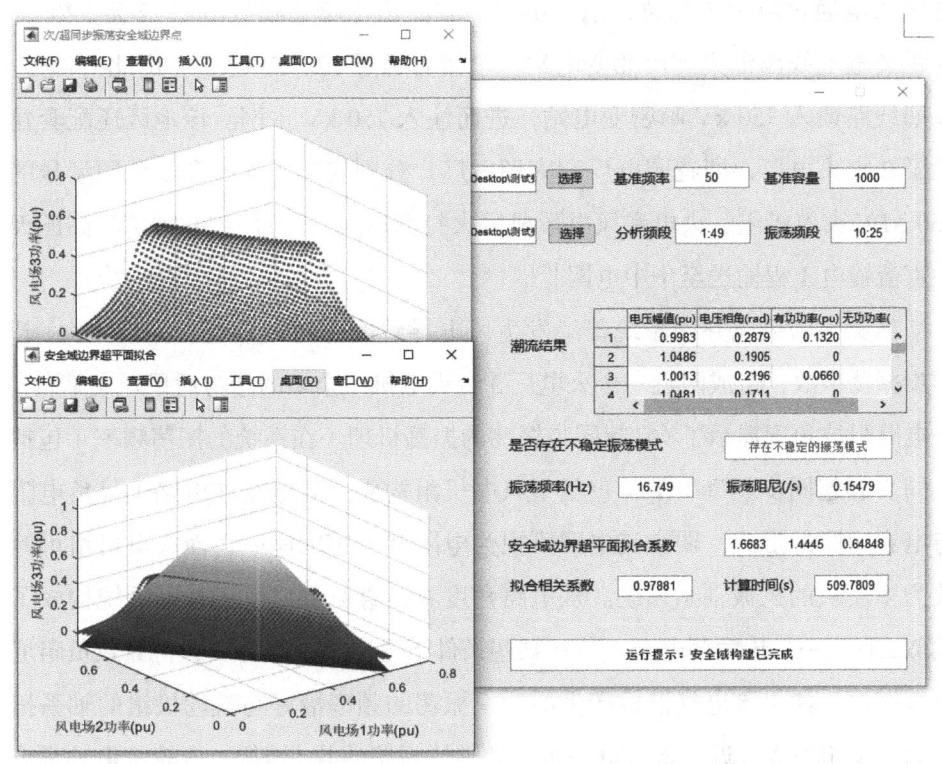

图 5-3 运行结果显示

5.2 新疆哈密风电并网系统的阻抗网络模型

本节首先介绍新疆哈密风电并网系统的电网结构以及发生的次/超同步振荡事件，然后将网络拓扑进行合理简化，建立系统的阻抗网络模型，并形成网络的传递函数矩阵，为后续振荡特性分析奠定模型基础。

5.2.1 新疆哈密风电并网系统描述

新疆哈密风电并网系统北部有大量风电场，总装机容量超过 1 000 MW，几乎所有风电机组均是相同型号的 1.5 MW 直驱型风电机组。该地区的当地负荷很小，几乎是一个纯粹的风电送出系统。各风电场发出的电能，首先通过 35/110 kV 线路汇集到麻黄沟西、麻黄沟东和淖毛湖 3 个 220 kV 变电站，这些风电通过麻山（麻黄沟东－山北）和淖山（淖毛湖－山北）2条220 kV远距离输电线路汇集到山北变电站，紧接着通过220 kV哈山（山北－哈密）双回线路馈入750 kV哈密变电站，进而注入750 kV主网。该地区还配套建设了2个火电厂，即花园电厂和南湖电厂，分别安装了4台和2台同型号的660 MW火电机组。火电和风电形成风火打捆形式，通过±800 kV特高压天中直流输电工程输送至华中电网[10]。

新疆哈密风电并网系统曾经发生风电导致的跨越6个电压等级的次/超同步振荡事故，造成附近一个火电厂3台火电机组全切的恶劣后果。文献[14]从电路阻抗角度揭示了次/超同步振荡的振荡机理。在系统的振荡频率（包括次同步和超同步频率）下，直驱型风电机组构成的风电场在电路上呈负电阻与电容串联的形式，弱交流电网可视为电阻和电感的串联，而火电机组可等效为多质块的机械轴系系统。从电路角度看，直驱型风电场并网系统构成了类似二阶L-C-R振荡电路，若在某些条件下电路总电阻为负，将导致负阻尼电气谐振。如果该电气谐振产生的功率振荡的频率恰好与汽轮机组的轴系扭振的频率相等或接近，将会进一步导致整体系统的共/谐振，汽轮机组轴系将出现剧烈的扭振，导致汽轮机组被保护切除乃至损伤。

经过合理简化，将系统的所有风电场建模为3个大型的聚合风电场，分别由麻黄沟西、麻黄沟东和淖毛湖变电站附近的风电场组成。各聚合风电场的装机容量由实际风电场装机容量相加得到，其内部所有的风电机组均通过箱式变压器连接于同一条母线上。鉴于新疆哈密风电并网系统绝大多数风电场安装的是直驱型风电机组，这里假设各聚合风电场安装的都是同类型的直驱型风电机组。各聚合风电场间通过传输线路连接。对于750 kV交流主网，保留了吐鲁番、哈密、敦煌、烟墩、沙洲、敦煌、鱼卡、柴达木8个750 kV变电站，各变电站间通过传输线路连接。对于天中直流输电系统，将它从交流侧进行等效，用等效阻抗表示。

随机选取3组典型工况，如表5-1所列，建立系统在不同工况下的阻抗网络模型。

表 5-1 新疆哈密风电并网系统 3 组研究工况

工况	聚合风电场 1		聚合风电场 2		聚合风电场 3	
	并网风机台数	单机输出功率 /pu	并网风机台数	单机输出功率 /pu	并网风机台数	单机输出功率 /pu
工况 1	200	0.2	200	0.2	200	0.2
工况 2	210	0.58	205	0.58	200	0.58
工况 3	240	0.1	238	0.12	232	0.15

5.2.2 设备的频率耦合阻抗模型

新疆哈密风电并网系统的电力设备包括直驱型风电机组构成的风电场、火电厂、直流输电系统、线路和变压器。由于直驱型风电机组的频率耦合特性显著，需要建立各电力设备的频率耦合阻抗模型。

1. 直驱型风电机组

风电机组的阻抗与工况密切相关，因此需要建立风电机组的全工况频率耦合阻抗模型。根据 2.2.2 节，首先选取 10 组不同的工况，各工况下风电机组的端口电压和电流如表 5-2 所列；然后使用频率扫描法，获得风电机组在所选 10 组工况下的频率耦合导纳，频率耦合导纳频率特性曲线如图 5-4 所示；最后通过构造齐次线性方程组求解风电机组参数，并将机组参数代入式（2-5）中，获得风电机组的全工况频率耦合阻抗模型。

表 5-2 各工况下直驱风电机组端口电压和电流

组别	电压 /pu	有功电流 /pu	无功电流 /pu	组别	电压 /pu	有功电流 /pu	无功电流 /pu
1	0.902	0.410	−0.058	6	0.969	0.680	0.206
2	0.907	0.243	0.072	7	1.047	0.136	−0.270
3	0.897	0.644	0.288	8	1.003	0.435	0.272
4	0.973	0.073	−0.121	9	1.091	0.690	−0.328
5	0.976	0.030	0.010	10	1.061	0.489	0.143

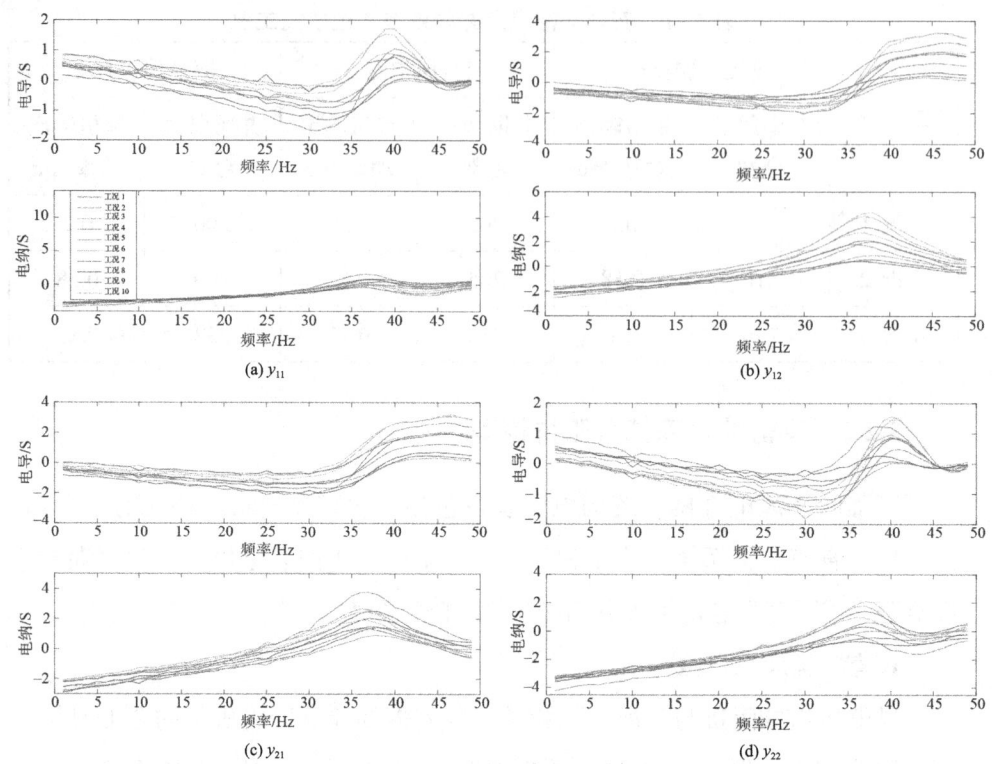

图 5-4 各工况下直驱风电机组频率耦合导纳的频率特性曲线

在表 5-1 中的 3 组工况下，分别对系统进行潮流分析。对系统各节点进行编号，得到如图 5-5 所示的潮流分析图。将风电场节点（节点#1、#2、#3）作为 PQ 节点，火电厂节点（节点#15、#16）作为 PV 节点，直流节点（节点#13）作为 PQ 节点，外部电网节点（节点#7、#8、#10）作为平衡节点，线路和变压器节点（节点#4、#5、#6、#9、#10、#11、#12、#14）为 PQ 节点。采用牛顿-拉夫逊法求解潮流。根据潮流计算结果，得到 3 组工况下各风电场端口电压和电流，进而计算风电场中各台风电机组的端口电压和电流，如表 5-3 所列，将所得结果带入风电机组的全工况阻抗模型，获得风电机组在 3 组工况下的阻抗，画出风电机组阻抗的频率特性曲线，如图 5-6 所示。根据聚合风电场的模型假设，风电场的阻抗等于单台机组的阻抗除以场内风机台数。

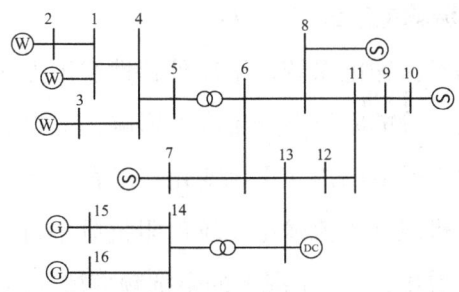

图 5-5　新疆哈密风电并网系统潮流分析

表 5-3　不同工况下风电机组端口电压和电流

运行工况	风电场 1 单台风电机组		风电场 2 单台风电机组		风电场 3 单台风电机组	
	电压 /kV	电流 /kA	电压 /kV	电流 /kA	电压 /kV	电流 /kA
工况 1	0.467	1.071	0.467	1.070	0.480	1.042
工况 2	0.519	0.385	0.519	0.386	0.519	0.386
工况 3	0.520	0.192	0.520	0.289	0.519	0.385

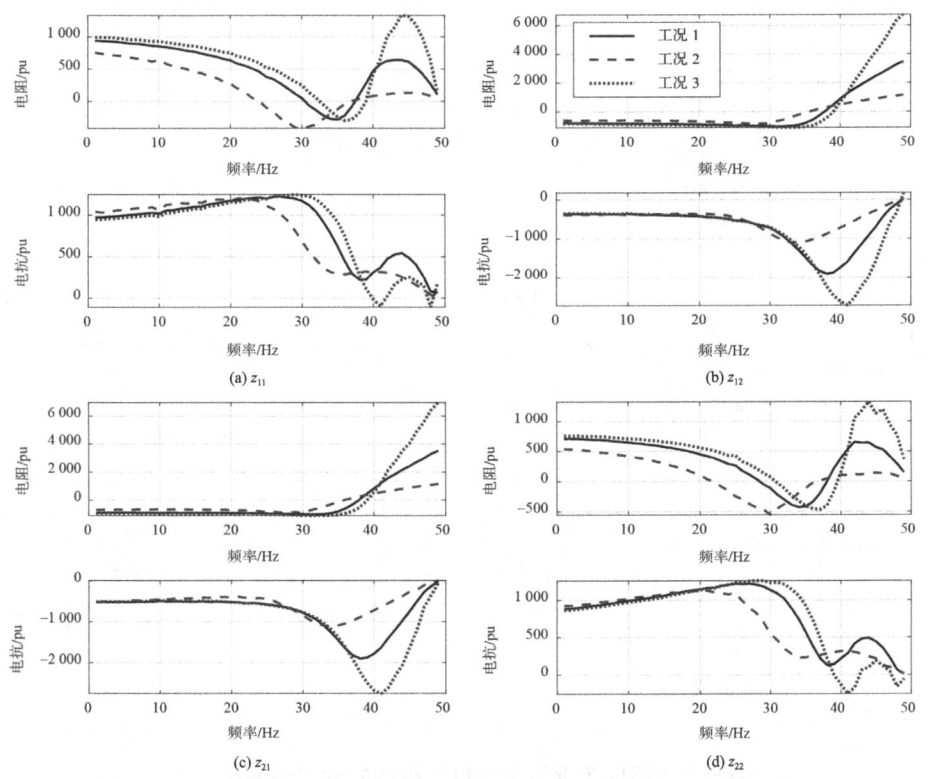

(a) z_{11}　　(b) z_{12}

(c) z_{21}　　(d) z_{22}

图 5-6　不同工况下风电机组阻抗的频率特性曲线

2. 火电机组和直流输电系统

对于火电机组和直流输电系统，采用外特性辨识方法获得其阻抗。虽然火电机组和直流输电系统的阻抗会受工况的影响，但在实际分析时，发现它们的阻抗在所研究的工况范围内几乎无变化。以表 5-1 中的 3 个典型工况为例，不同工况下火电机组和直流输电系统的阻抗频率特性曲线分别如图 5-7 和图 5-8 所示。可以看出，3 个工况下的阻抗频率特性曲线基本重合。因此，在分析系统全工况振荡稳定性时，可以不考虑火电机组和直流输电系统阻抗随工况的变化，将它们的阻抗视为定值。

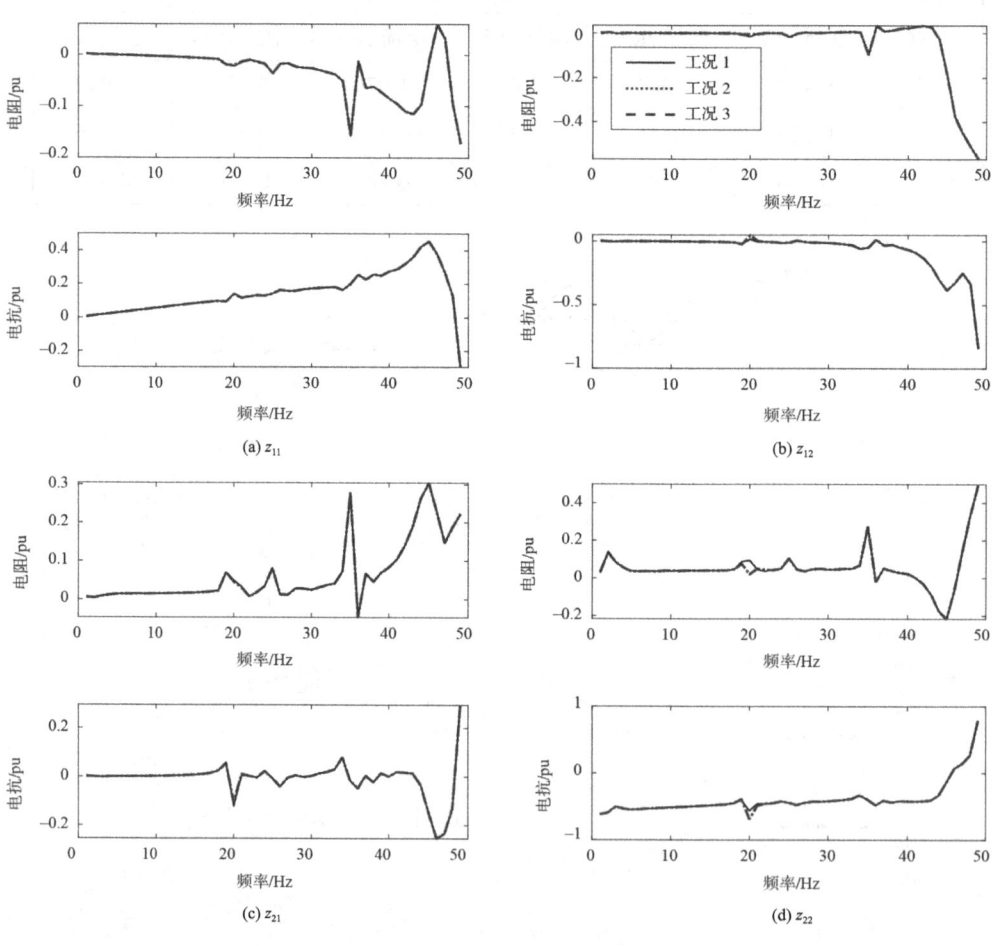

图 5-7 不同工况下火电机组阻抗的频率特性曲线

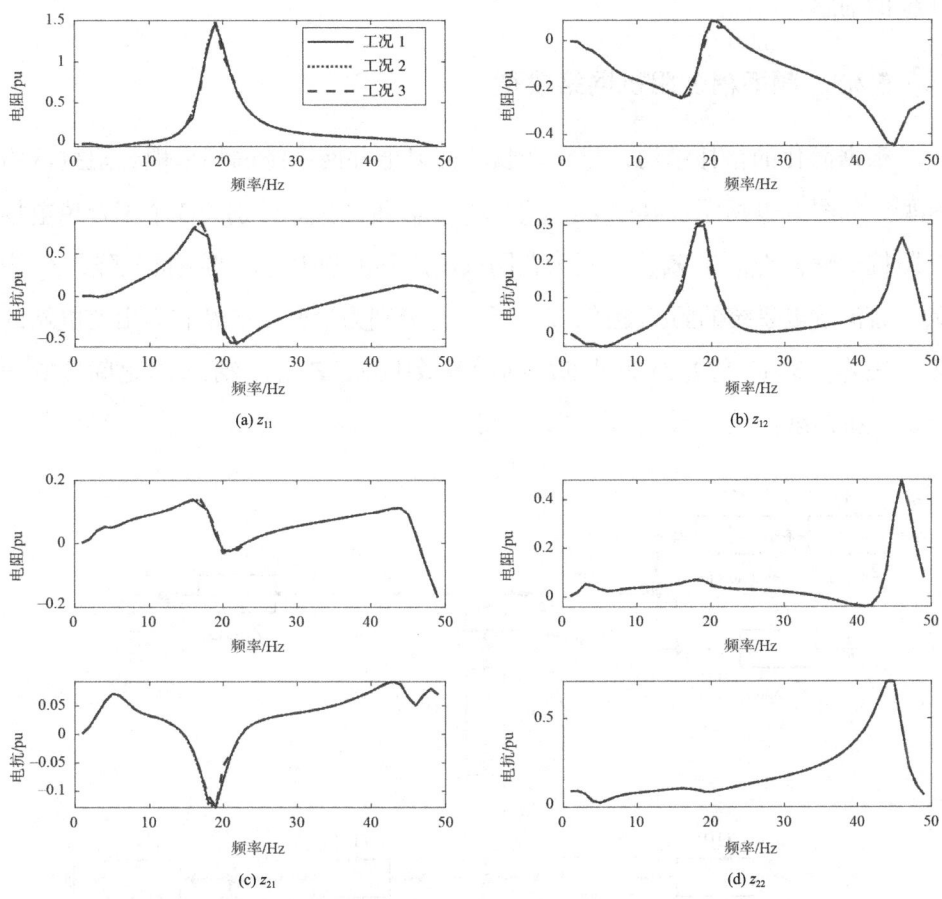

图 5-8　不同工况下直流输电系统阻抗的频率特性曲线

3. 输电线路和变压器

对于输电线路和变压器，在建立其理论模型时，由于输电线路的并联电容和变压器的励磁电抗对次/超同步振荡的影响很小，因此只考虑输电线路和变压器的串联支路，将其频率耦合阻抗模型记作 $\mathbf{Z}_\mathrm{L}(s)$ 和 $\mathbf{Z}_\mathrm{F}(s)$，则表达式为

$$\mathbf{Z}_\mathrm{L}(s) = \begin{bmatrix} R+sL & 0 \\ 0 & R+(s-\mathrm{j}2\omega_0)L \end{bmatrix} \quad (5\text{-}1)$$

$$\mathbf{Z}_\mathrm{F}(s) = \begin{bmatrix} sL_\mathrm{F} & 0 \\ 0 & (s-\mathrm{j}2\omega_0)L_\mathrm{F} \end{bmatrix} \quad (5\text{-}2)$$

其中，ω_0 为工频角频率，R 和 L 分别为线路在工频下的电阻和电感，L_F 为变

压器的漏感。

5.2.3 频率耦合阻抗网络模型

根据简化的拓扑结构，建立新疆哈密风电并网系统的频率耦合阻抗网络模型，如图 5-9 所示。其中 Z_{WMHGX}、Z_{WMHGD} 和 Z_{WNMH} 分别为 3 个聚合风电场的阻抗矩阵，Z_{THY} 和 Z_{THY} 分别为花园火电厂和南湖火电厂的阻抗矩阵，Z_D 为天中直流输电系统的阻抗矩阵，Z_{HM} 和 Z_{TS} 分别为哈密变电站和天山变电站的阻抗矩阵，Z_{Si} (i=1, 2, 3) 为外部电网的等效阻抗，Z_{xx-xx} 表示两地之间传输线路的阻抗矩阵。

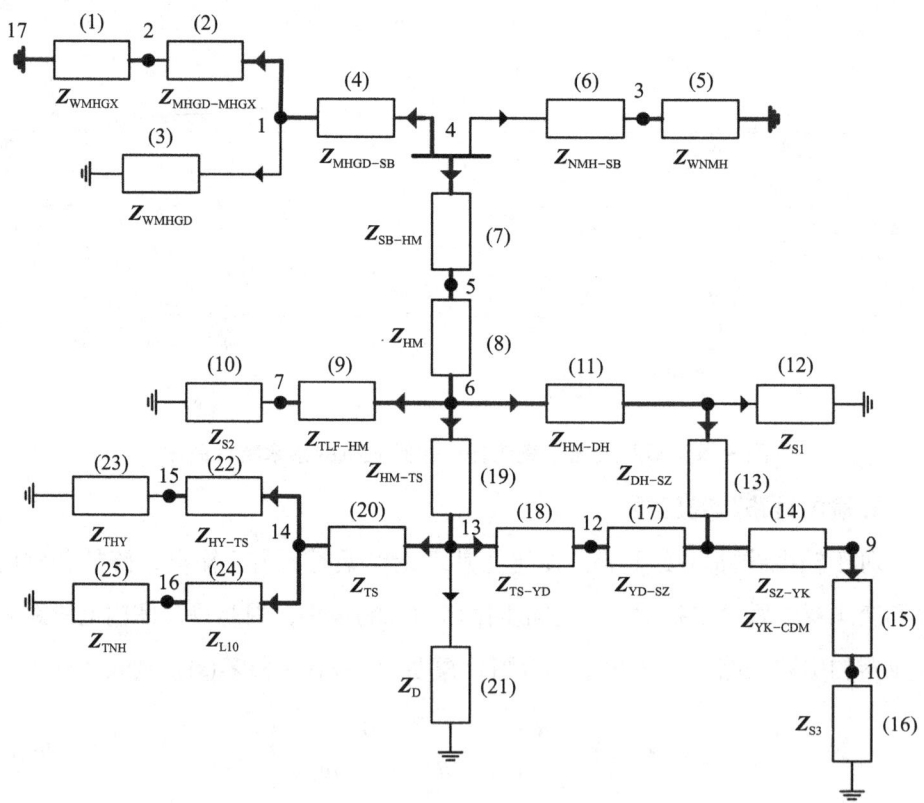

图 5-9 新疆哈密风电并网系统的阻抗网络模型

根据图 5-9，阻抗网络共有 17 个节点（大地节点为参考节点）和 25 条支路（每个阻抗对应一条支路），各节点和支路的编号均已在图中标出，其中支路编号

标注在括号内，箭头表示支路方向。构造网络的支路集合 l^b，可表示为

$$l^b=\{(1, 17), (2, 1), (2, 17), (4, 2), (3, 17), (4, 3),\\
(4, 5), (5, 6), (6, 7), (7, 17), (6, 8), (8, 17), (8, 11),\\
(11, 9), (9, 10), (10, 17), (11, 12), (12, 13), (6, 13),\\
(13, 14), (13, 17), (14, 15), (15, 17), (14, 16), (16, 17)\}\quad(5\text{-}3)$$

可得到阻抗网络的一个树 T，其由 16 条支路构成，如图 5-9 中粗实线所示，可表示为 $T=\{l_1^b, l_2^b, l_4^b, l_5^b, l_7^b, l_8^b, l_9^b, l_{11}^b, l_{13}^b, l_{14}^b, l_{15}^b, l_{17}^b, l_{18}^b, l_{20}^b, l_{22}^b, l_{24}^b\}$。根据选择的树，可以得到网络的独立回路集合 l，可表示为

$$l=\{(l_1^b, l_2^b, l_3^b), (l_1^b, l_2^b, l_4^b, l_5^b, l_6^b), (l_1^b, l_2^b, l_4^b, l_7^b, l_8^b, l_9^b, l_{10}^b),\\
(l_1^b, l_2^b, l_4^b, l_7^b, l_8^b, l_{11}^b, l_{12}^b), (l_1^b, l_2^b, l_4^b, l_7^b, l_8^b, l_{11}^b, l_{13}^b, l_{14}^b, l_{15}^b, l_{16}^b),\\
(l_{11}^b, l_{13}^b, l_{17}^b, l_{18}^b, l_{19}^b), (l_1^b, l_2^b, l_4^b, l_7^b, l_8^b, l_{11}^b, l_{13}^b, l_{17}^b, l_{18}^b, l_{21}^b),\\
(l_1^b, l_2^b, l_4^b, l_7^b, l_8^b, l_{11}^b, l_{13}^b, l_{17}^b, l_{18}^b, l_{20}^b, l_{22}^b, l_{23}^b),\\
(l_1^b, l_2^b, l_4^b, l_7^b, l_8^b, l_{11}^b, l_{13}^b, l_{17}^b, l_{18}^b, l_{20}^b, l_{24}^b, l_{25}^b)\}\quad(5\text{-}4)$$

其中，l_j^b 表示支路集合 l^b 中第 j 个元素，即支路 #j。

根据阻抗网络的支路集合 l^b 和回路集合 l，可以形成网络的节点-支路关联矩阵 A 和回路-支路关联矩阵 B，分别为 16×25 阶矩阵和 9×25 阶矩阵。由于建立的是频率耦合阻抗网络模型，需要根据式（2-12）和式（2-13），进一步建立扩展的节点-支路关联矩阵 $\hat{A}$ 和回路-支路关联矩阵 $\hat{B}$。再根据式（2-14）和式（2-15），形成支路导纳矩阵 $\hat{Y}_D(s)$ 和 $\hat{Z}_D(s)$。将矩阵 $\hat{A}$ 和 $Y_D(s)$ 代入式（2-16），形成扩展的节点导纳矩阵 $\hat{Y}(s)$，将矩阵 $\hat{B}$ 和 $Z_D(s)$ 代入式（2-17），形成扩展的回路阻抗矩阵 $\hat{Z}(s)$。

5.3 新疆哈密风电并网系统次/超同步振荡分析

5.3.1 次/超同步振荡稳定性分析

1. 基于聚合阻抗频率特性的振荡稳定性分析

新疆哈密风电并网系统发生的风电次/超同步振荡涉及风电机组及其电

力电子控制与交流电网间的相互作用[14]，因此将风电场并网节点（节点4）作为网络的聚合端口。按照4.2.1节的分析步骤，得到目标系统在表5-1中的3组工况下的聚合阻抗，画出聚合阻抗行列式的频率特性曲线，如图5-10～图5-12所示。将各组工况下，聚合阻抗频率特性曲线的过零点信息如表5-4～表5-6所列，包括过零点的频率、位置（等效电阻曲线或者等效电抗曲线）、过零点对应的次/超同步振荡模式的稳定性，对于不稳定的振荡模式，进一步计算振荡模式的阻尼和频率。

根据上述结果，目标系统在工况1下不存在不稳定的振荡模式，在工况2和工况3下分别存在一对不稳定的次/超同步振荡模式。在工况2下，不稳定的次同步振荡模式的振荡阻尼和频率分别为 $0.219\ 2\ s^{-1}$ 和 15.31 Hz，与之对应的超同步振荡模式的振荡阻尼和频率分别为 $0.219\ 2\ s^{-1}$ 和 84.69 Hz。在工况3下，不稳定的次同步振荡模式的振荡阻尼和频率分别为 $0.082\ 6\ s^{-1}$ 和 19.26 Hz，与之对应的超同步振荡模式的振荡阻尼和频率为 $0.082\ 6\ s^{-1}$ 和 80.74 Hz。

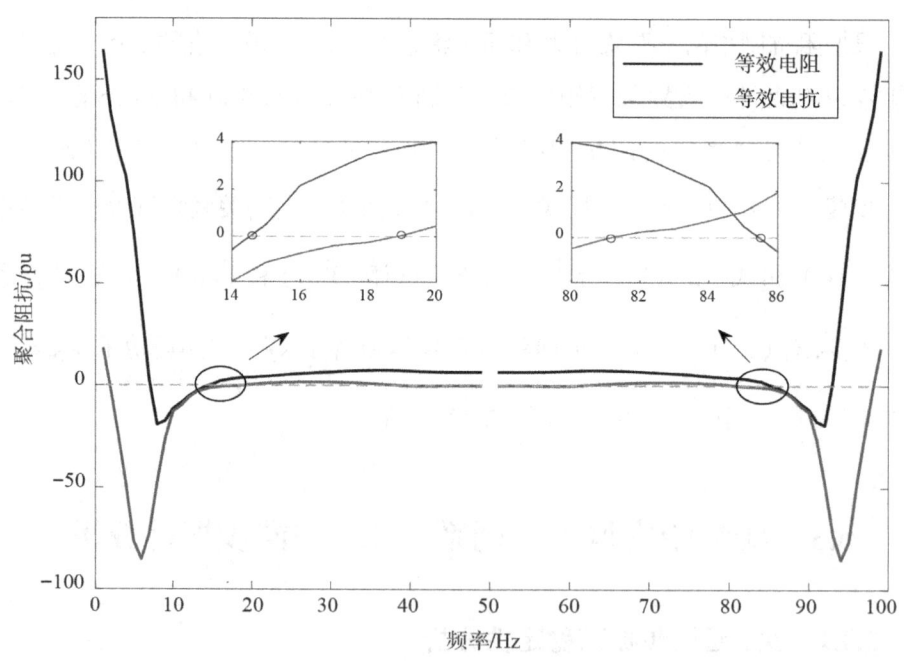

图 5-10　聚合阻抗的频率特性曲线（工况1）

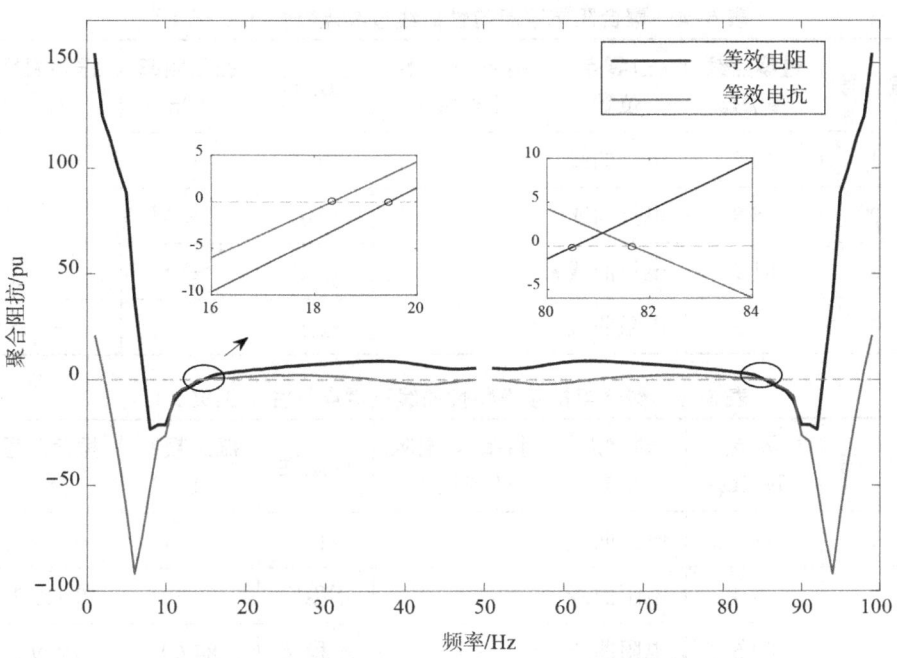

图 5-11 聚合阻抗的频率特性曲线（工况 2）

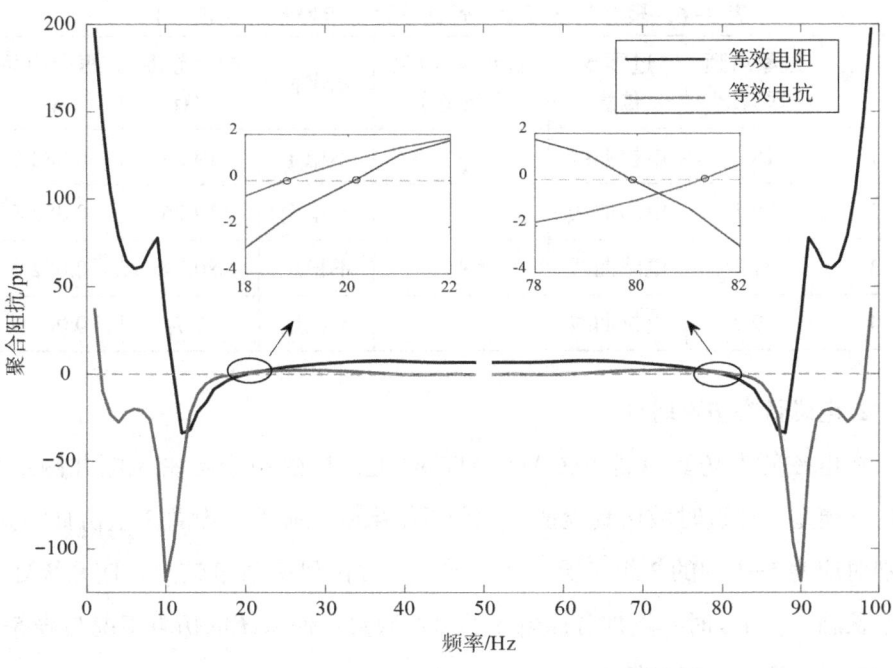

图 5-12 聚合阻抗的频率特性曲线（工况 3）

表 5-4 聚合阻抗频率特性曲线过零点特性（工况 1）

编号	过零点频率/Hz	过零点位置	斜率×电阻（电抗）	稳定性	振荡频率/Hz	振荡阻尼/s^{-1}
1	14.5	电阻曲线	−	稳定	—	—
2	18.8	电抗曲线	+	稳定	—	—
3	81.2	电抗曲线	+	稳定	—	—
4	85.5	电阻曲线	−	稳定	—	—

表 5-5 聚合阻抗频率特性曲线过零点特性（工况 2）

编号	过零点频率/Hz	过零点位置	斜率×电阻（电抗）	稳定性	振荡频率/Hz	振荡阻尼/s^{-1}
1	18.3	电抗曲线	−	不稳定	15.31	0.219 2
2	19.4	电阻曲线	+	不稳定	15.31	0.219 2
3	80.6	电阻曲线	+	不稳定	84.69	0.219 2
4	81.7	电抗曲线	−	不稳定	84.69	0.219 2

表 5-6 聚合阻抗频率特性曲线过零点特性（工况 3）

编号	过零点频率/Hz	过零点位置	斜率×电阻（电抗）	稳定性	振荡频率/Hz	振荡阻尼/s^{-1}
1	18.7	电抗曲线	−	不稳定	19.26	0.082 6
2	20.1	电阻曲线	+	不稳定	19.26	0.082 6
3	81.3	电阻曲线	+	不稳定	80.74	0.082 6
4	79.9	电抗曲线	−	不稳定	80.74	0.082 6

2. 电磁暂态仿真验证

在电磁暂态仿真软件 PSCAD/EMTDC 上，搭建新疆哈密风电并网系统的仿真模型，通过时域仿真验证上述分析结果的准确性。设置 3 组仿真实验，分别对应表 5-1 中的 3 组工况。在初始时，并网风机数量较少，使系统处于稳定状态；在 1 s 时，增加各风电场的风机数量，使系统的仿真工况与表 5-1 中的工况一致，仿真时长 5 s。

工况 1 下的仿真结果如图 5-13 所示，包括风电场 1 端口电流的波形图、频谱图（频率分辨率为 1 Hz）和次同步电流波形图。可以看出，系统存在一个 12 Hz 的次同步分量和 88 Hz 的超同步分量，该分量呈衰减趋势，说明次/超同步振荡是稳定的，与基于聚合阻抗频率特性的分析结果一致。

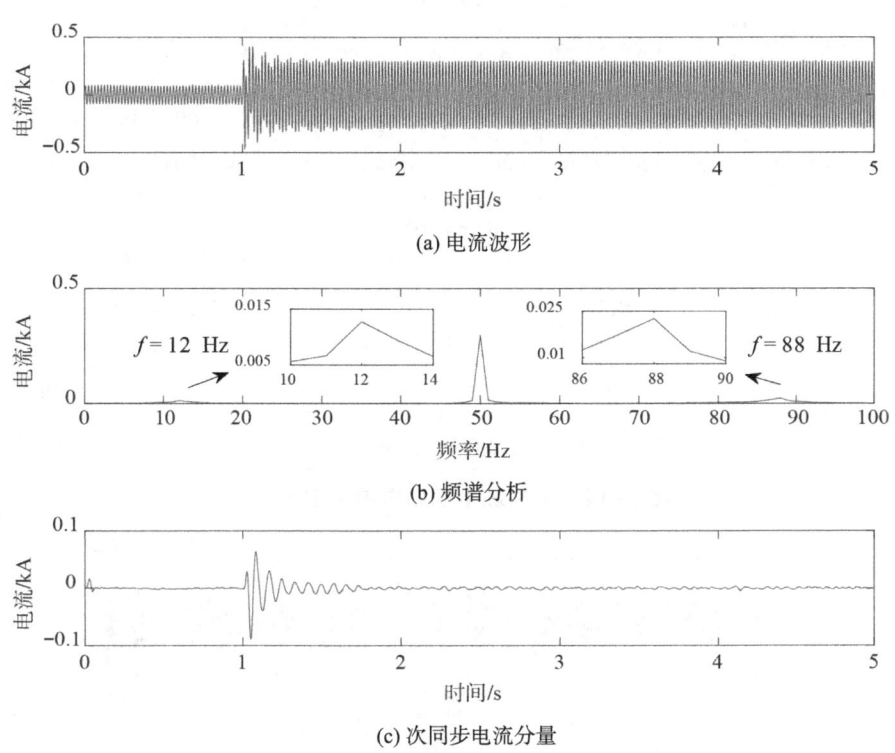

图 5-13　风电场 1 端口电流（工况 1）

工况 2 和工况 3 下的仿真结果分别如图 5-14 和图 5-15 所示。从图 5-14(b) 可以看出，工况 2 下系统存在一个 15 Hz 的次同步分量和 85 Hz 的超同步分量，从图 5-15(b) 可以看出，工况 3 下系统存在一个 19 Hz 的次同步分量和 81 Hz 的超同步分量。从图 5-14(c) 和图 5-15(c) 可以看出，两组工况下系统的次同步分量均呈发散趋势，说明次/超同步振荡是不稳定的。进一步，通过 FFT 分析计算振荡阻尼，如图 5-16 和图 5-17 所示，工况 2 和工况 3 下次同步振荡模式的振荡阻尼分别为 $-0.2351\ \text{s}^{-1}$ 和 $0.0776\ \text{s}^{-1}$，这与基于聚合阻抗频率特性的分析结果（工况 2：$f_s=15.31\ \text{Hz}$，$\sigma_s=-0.2192\ \text{s}^{-1}$；工况 3：$f_s=19.26\ \text{Hz}$，$\sigma_s=-0.0826\ \text{s}^{-1}$）基本一致，由此验证了本书所提方法的准确性。

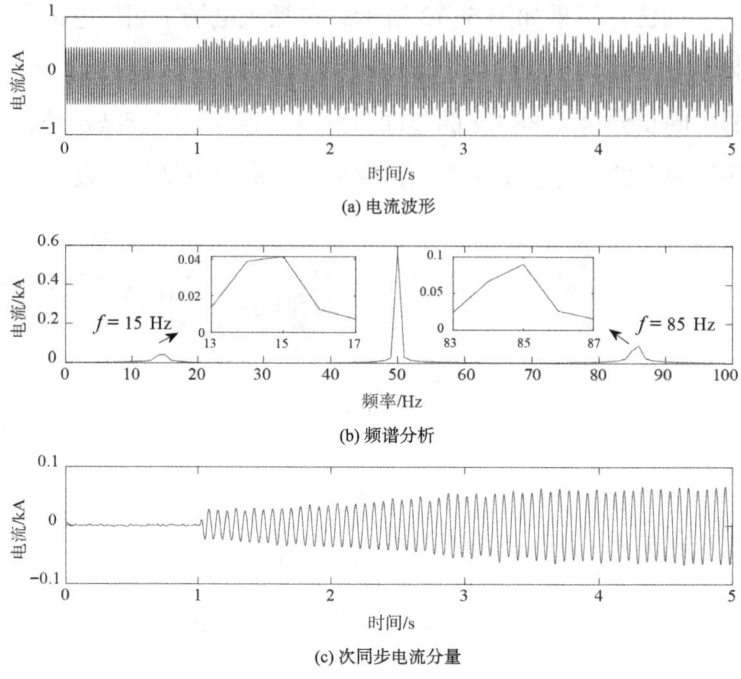

图 5-14 风电场 1 端口电流（工况 2）

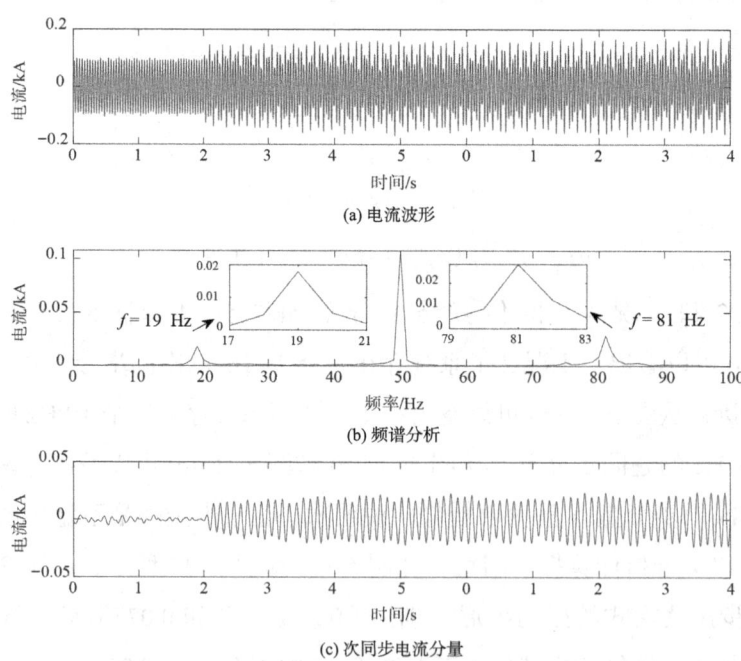

图 5-15 风电场 1 端口电流（工况 3）

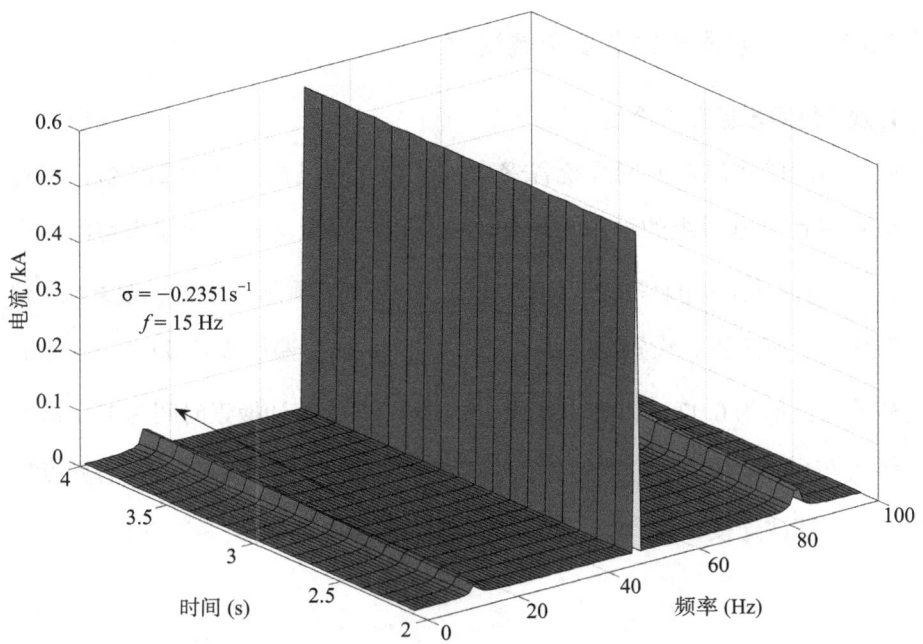

图 5-16　风电场 1 端口电流的 FFT 分析结果（工况 2）

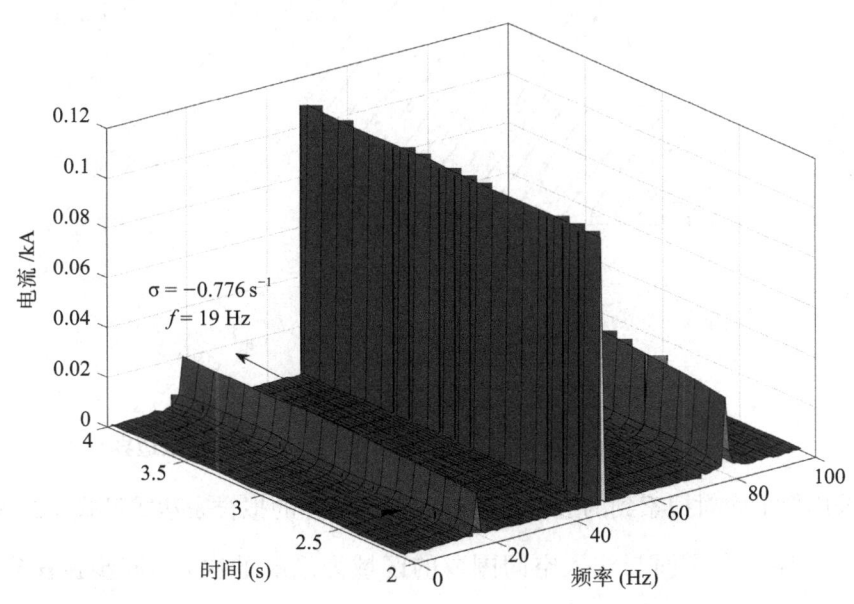

图 5-17　风电场 1 端口电流的 FFT 分析结果（工况 3）

5.3.2 次/超同步振荡安全域构建

1. 次/超同步振荡安全域

假设新疆哈密风电并网系统各聚合风电场并网风机台数为 225 台，将各个风电场单台风电机组的输出功率作为次/超同步振荡安全域注入空间，记为 $[p_1, p_2, p_3]$，其中 $0\ \text{pu} \leqslant p_i \leqslant 1\ \text{pu}(i=1, 2, 3)$。采用预测－校正法搜索次/超同步振荡安全域边界，设置查找步长 $\mathrm{d}p$ 为 0.005 pu，遍历步长 $\mathrm{d}q$ 为 0.02 pu，预测初始步长 h_0 为 0.02 pu，搜索精度 ε 为 0.001 s^{-1}。总计搜索时间为 120.46 s，共获得次/超同步振荡安全域边界点 327 个，如图 5-18 所示，将各边界点按照搜索顺序依次连接，得到次/超同步振荡安全域边界。

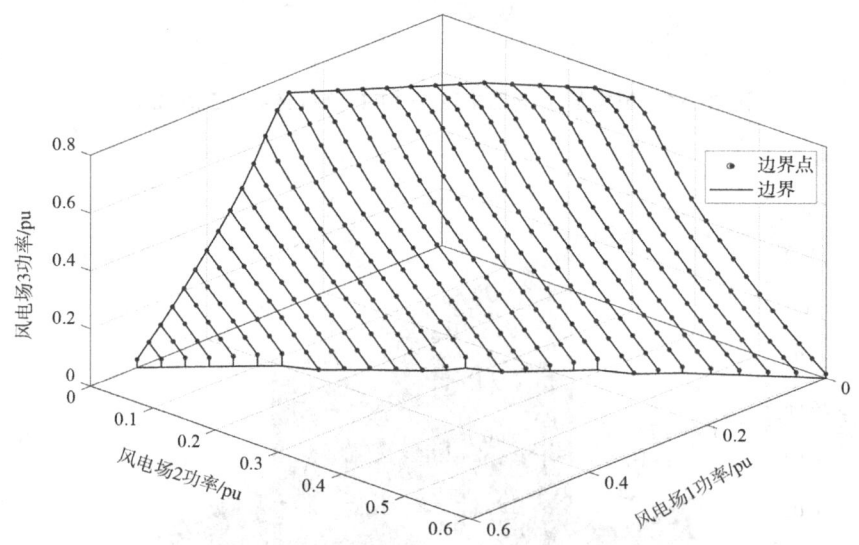

图 5-18 新疆哈密风电并网系统次/超同步振荡安全域边界

采用超平面对搜索到的边界点进行拟合，边界的拟合表达式见式（5-5），安全域边界拟合平面与注入空间围成的区域为系统的次/超同步振荡安全域，如图 5-19 所示，其由 5 个平面构成，分别为 $p_1=p_{\text{low}}$、$p_2=p_{\text{low}}$、$p_3=p_{\text{low}}$、$p_3=p_{\text{high}}$ 和次/超同步振荡安全域边界平面，图中粗实线为各个面的边。

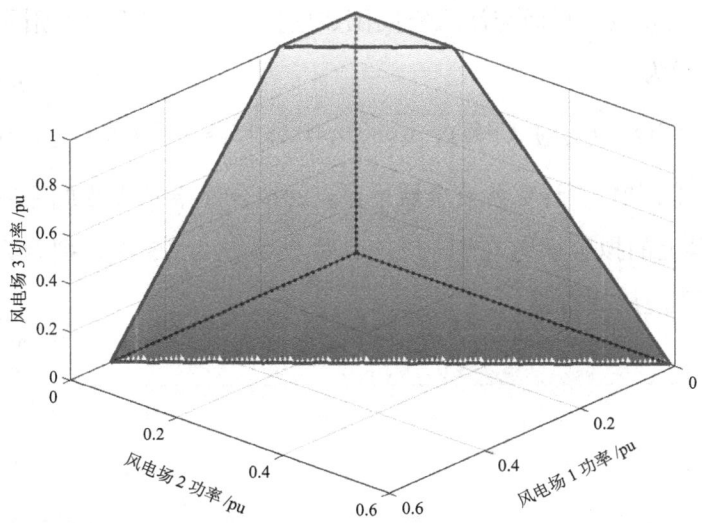

图 5-19 新疆哈密风电并网系统次/超同步振荡安全域

2. 次/超同步振荡安全域边界的超平面拟合

根据 4.2.3 节所述，采用超平面方程对图 5-19 中的次/超同步振荡安全域边界点进行拟合，得到的安全域边界拟合平面如图 5-20 所示，拟合平面表达式为

$$1.941p_1+1.693p_2+0.690p_3=1 \tag{5-5}$$

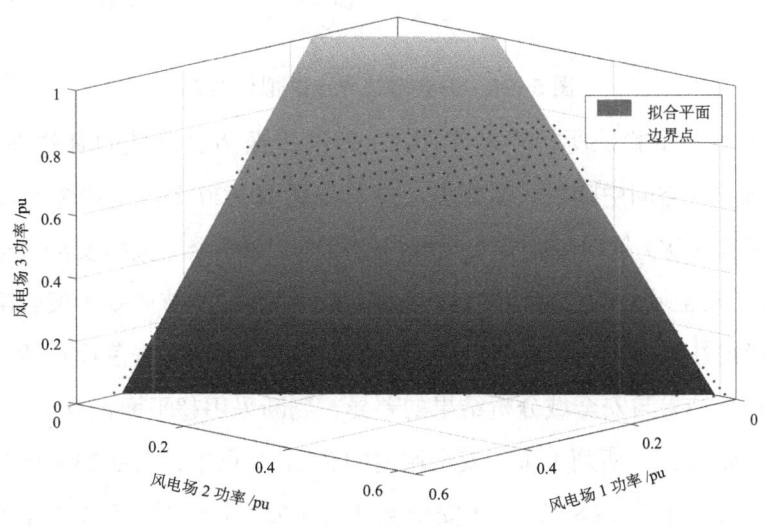

图 5-20 新疆哈密风电并网系统次/超同步振荡安全域边界拟合平面

安全域边界拟合平面与注入空间围成的区域即为实用次/超同步振荡安全域，可表示为

$$\Omega_{\mathrm{SR}} = \{(p_1, p_2, p_3) \mid 1.941 p_1 + 1.693 p_2 + 0.690 p_3 \leq 1 \text{ 且 } 0 \leq p_{1,2,3} \leq 1\} \quad （5-6）$$

根据式（4-21），计算各安全域边界点的拟合误差，结果如图5-21所示，其中90%以上的拟合误差在1%以内，最大误差为2.38%，拟合误差较小，能够满足工程应用的需要。

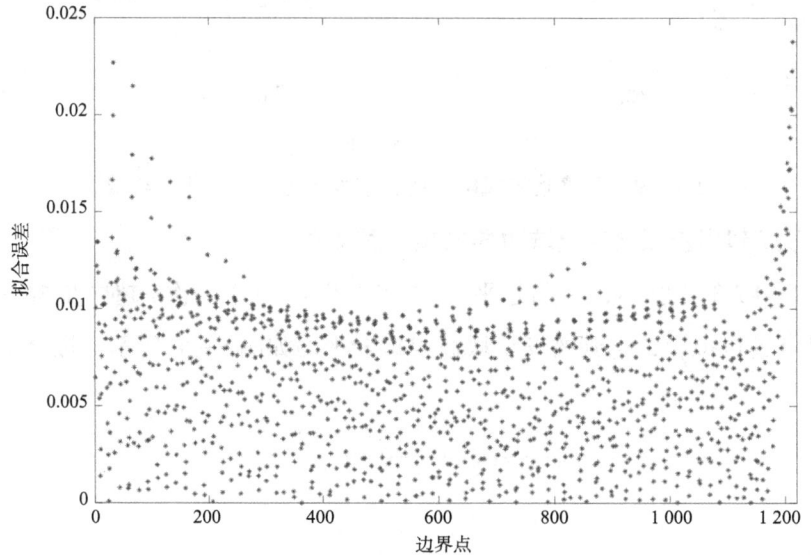

图 5-21　安全域边界点的拟合误差

为了进一步验证所构建的实用次/超同步振荡安全域的有效性，首先，在安全域注入空间中随机大量撒点，一共得到10 020个点，如图5-22所示，其中位于实用次/超同步振荡安全域内的点有2 263个（包括安全域边界上的点），位于安全域外的点有7 757个。其次，利用4.2.1节中基于聚合阻抗频率特性的稳定性分析方法计算随机选取的各点的次/超同步振荡稳定性。通过比较逐点计算结果与安全域分析结果的差异，判断采用超平面拟合法是否可行。比较结果如表5-7所列，位于安全域内的2 263个点中，有2 236个点是振荡稳定的，准确率为98.8%，位于安全域外的7 757个点中，有7 744个点是振荡失稳的，准确率为99.8%，从而验证了超平面拟合的有效性。

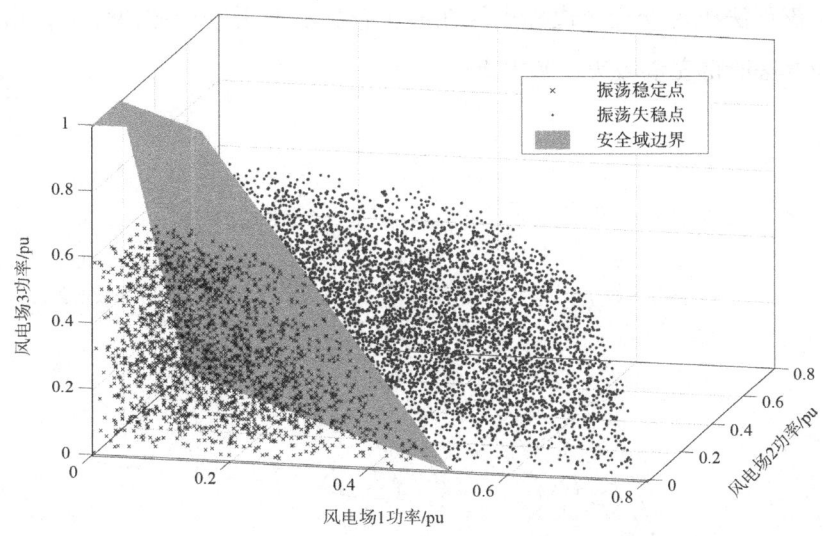

图 5-22　安全域注入空间随机撒点试验

表 5-7　实用次/超同步振荡安全域的有效性验证

振荡状态	安全域内	安全域外
振荡稳定	98.8%	0.2%
振荡失稳	1.2%	99.8%

根据安全域边界的近似表达式（5-5），在给定的网络拓扑和电网参数条件下，风电场 1 的单机输出功率对系统次/超同步振荡阻尼的灵敏度最高，风电场 2 次之，风电场 3 最小。这与 3 个风电场与主网的电气距离正相关，风电场 1 与主网的电气距离最远，风电场 1 并网点的短路比最低，因此当风电场 1 输出功率较高时，容易激发次/超同步振荡。

3. 预测 – 校正法与遍历查找法比较

采用遍历查找法获取新疆哈密风电并网系统的次/超同步振荡安全域边界，设置安全域注入空间和各聚合风电场并网风机台数与上述预测 – 校正法中保持一致，查找步长 dp 为 0.005 pu，遍历步长 dq 为 0.02 pu。总计查找时间为 1 553.41 s，共获得次/超同步振荡安全域边界点 319 个，将各边界点按照查找顺序依次连接，得到次/超同步振荡安全域边界，如图 5-23 所示，图中同时标出了预测 – 校正法搜索的次/超同步振荡安全域边界点。可以看出，预测-校正法所得安全域边界点均在遍历查找法所得安全域边界上，由此可见两种方法所得安全域边界基本重合。

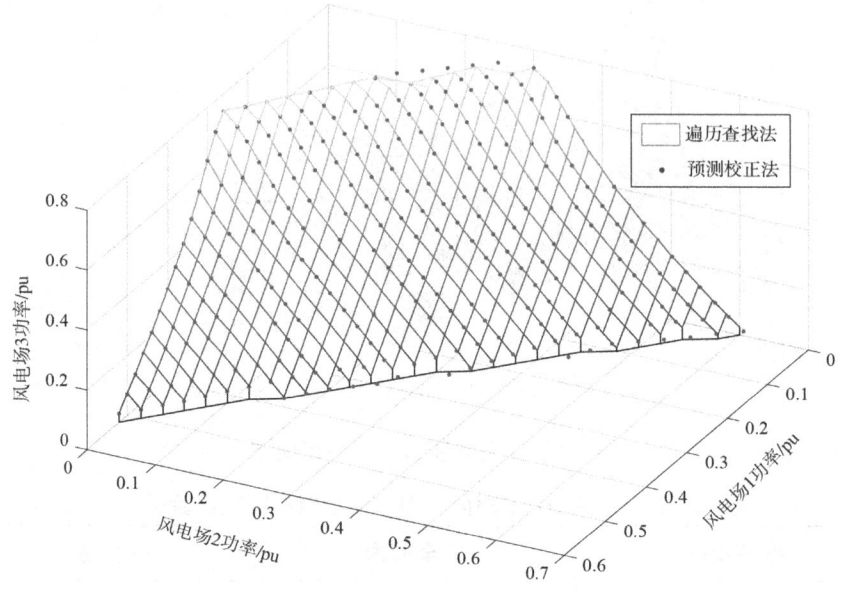

图 5-23　两种搜索算法获得的安全域边界比较

为了方便比较两种方法获得的次/超同步振荡安全域边界，随机选取三维安全域边界的某个二维截面进行展示，如图 5-24 所示，图中为当风电场 1 输出功率为 0.30 pu 时，两种方法获得的次/超同步振荡安全域边界点和边界线。两种方法均搜索了 13 个安全域边界点，表 5-8 和表 5-9 分别列出了预测-校正法和遍历查找法获得的各边界点对应的系统工况和该工况下系统次同步振荡模式的振荡阻尼和频率。从图 5-24 可以看出，两种方法所得的安全域二维界面基本一致。从表 5-8 和表 5-9 可以看出，两种方法获得的安全域边界点对应的系统次同步振荡模式的振荡阻尼均接近于零，可以视作次同步振荡临界稳定点，满足边界搜索精度要求。相对而言，预测-校正法所获得的边界点对应的振荡阻尼更接近于零，由于遍历查找法和预测-校正法的搜索精度分别与查找步长 dp 和搜索精度 ε 有关，说明在给定的查找步长 (dp=0.005 pu) 和搜索精度 ε(0.001 s^{-1}) 条件下，预测-校正法的搜索精度更高。

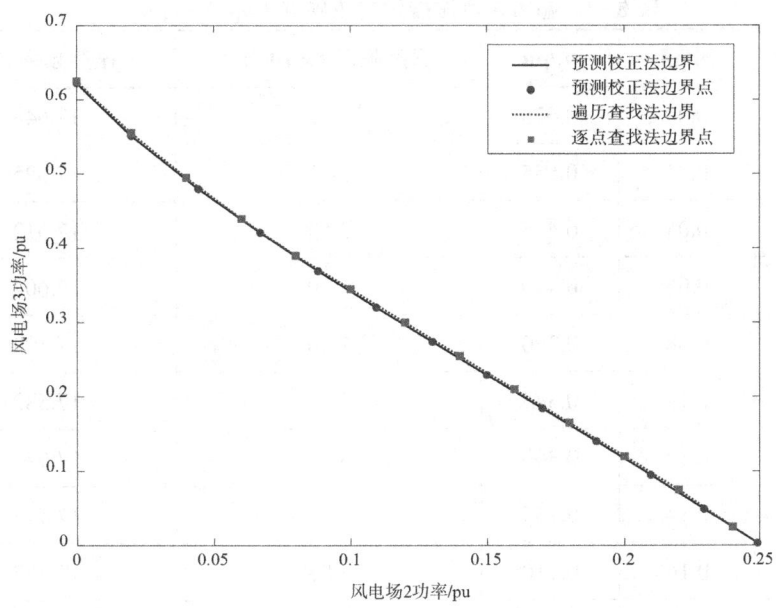

图 5-24　两种搜索算法获得的安全域边界截面（p_1=0.30 pu）

表 5-8 预测 – 校正法搜索的边界点（p_1=0.30 pu）

序　号	p_2/pu	p_3/pu	振荡阻尼 /×10^{-3} s^{-1}	振荡频率 /Hz
1	0.000	0.622	0.90	17.648
2	0.020	0.551	0.09	17.625
3	0.044	0.480	0.63	17.610
4	0.067	0.421	0.65	17.599
5	0.088	0.369	0.05	17.589
6	0.109	0.320	0.10	17.580
7	0.130	0.274	0.43	17.570
8	0.150	0.229	0.11	17.562
9	0.170	0.184	0.41	17.554
10	0.190	0.140	0.38	17.547
11	0.210	0.095	0.18	17.541
12	0.229	0.049	0.16	17.536
13	0.249	0.003	0.21	17.534

表 5-9 遍历查找法搜索的边界点（p_1=0.30 pu）

序 号	p_2/pu	p_3/pu	振荡阻尼 /×10^{-3} s^{-1}	振荡频率 /Hz
1	0.00	0.625	2.12	17.648
2	0.02	0.555	2.21	17.625
3	0.04	0.495	2.59	17.612
4	0.06	0.440	1.70	17.602
5	0.08	0.390	1.26	17.593
6	0.10	0.345	2.81	17.583
7	0.12	0.300	3.29	17.574
8	0.14	0.255	3.18	17.565
9	0.16	0.210	2.88	17.557
10	0.18	0.165	2.71	17.549
11	0.20	0.120	2.89	17.542
12	0.22	0.075	3.52	17.537
13	0.24	0.025	0.54	17.534

在上述搜索精度条件下，进一步比较两种方法的边界搜索效率，搜索效率用单位时间内搜索的安全域边界点个数表示，记为

$$\eta = N/t \tag{5-7}$$

其中，N 和 t 分别为搜索的安全域边界点个数和搜索时间。

由于遍历查找法和预测-校正法搜索的边界点个数分别与遍历步长和预测步长有关，为了便于比较，将遍历步长与预测步长设为一致。通过设置不同的遍历/预测，比较两种方法在不同的边界点搜索个数下的计算效率，计算结果如表 5-10 所列，其中计算效率比一列为预测-校正法的计算效率除以遍历查找法的计算效率。计算使用的计算机 CPU 型号为 Intel Core i7-1165G7，主频为 2.80 GHz，内存大小为 16.0 GB，操作系统为 Windows10，软件平台为 Matlab R2020b。从表 5-10 可以看出，预测-校正法的计算效率远远大于遍历

查找法（提高10倍以上），搜索边界点个数越多，则计算效率优势越明显。

表 5-10　两种方法计算效率比较

步　长	预测–校正法			遍历查找法			计算效率比
	耗时 /s	边界点个数	搜索效率	耗时 /s	边界点个数	搜索效率	
0.02 pu	120.46	327	2.71	1 553.41	319	0.20	13.55
0.01 pu	470.17	1 213	2.58	6 747.79	1 239	0.18	14.33
0.005 pu	1 900.68	4 694	2.47	27 402.66	4 751	0.17	14.53

4. 电磁暂态仿真验证

在电磁暂态仿真软件 PSCAD/EMTDC 上搭建目标系统的仿真模型。随机选取表 5-11 所列的安全域二维截面中的两个边界点，以及图 5-19 所示的安全域边界拟合平面与 $p_3=0$ 平面的两个交点。根据这4个点设置4组仿真实验，用来验证所得安全域边界的准确性。4个边界点对应的工况以及该工况下系统次/超同步振荡模式的振荡阻尼和振荡频率如表 5-11 所列，4组仿真试验工况如表 5-12 所列。每组仿真实验中，在初始时刻，系统各风电场单机输出功率和表 5-12 中工况1一致，设置各风电场并网风机台数为150台，使系统处于稳定状态；在 1 s 时，增加各风电场并网风机台数至225台，各风电场单机输出功率不变；在 4.5 s 时，改变风电场单机输出功率，使系统转变到工况2。每组仿真中，工况1位于次/超同步振荡安全域外，表示系统存在次/超同步振荡风险，工况2位于安全域外，表示系统稳定。

表 5-11　选取的安全域边界点

序　号	p_1/pu	p_2/pu	p_3/pu	振荡阻尼 / $\times 10^{-3}\,\text{s}^{-1}$	振荡频率 /Hz
边界点 1	0.30	0.088	0.369	0.05	17.189
边界点 2	0.30	0.190	0.140	0.38	17.147
边界点 3	0.515	0	0	0.87	17.132
边界点 4	0	0.591	0	0.97	17.416

表 5-12 仿真试验工况

组别	工况 1 ($t=1\sim 4.5$ s)			工况 2 ($t=4.5\sim 7$ s)		
	p_1/pu	p_2/pu	p_3/pu	p_1/pu	p_2/pu	p_3/pu
第一组	0.30	0.088	0.379	0.30	0.088	0.359
第二组	0.30	0.20	0.14	0.30	0.18	0.14
第三组	0.525	0	0	0.505	0	0
第四组	0	0.601	0	0	0.581	0

4 组仿真结果分别如图 5-25～图 5-28 所示,包括风电场端口电流波形图、频谱图和提取的次同步电流波形图。可以看出,在 4 组仿真中,在位于工况 1 时均发生了次/超同步振荡,转变到工况 2 后,次/超同步振荡逐步衰减,系统恢复稳定。仿真结果与安全域分析结果一致,由此验证了所提方法的有效性。

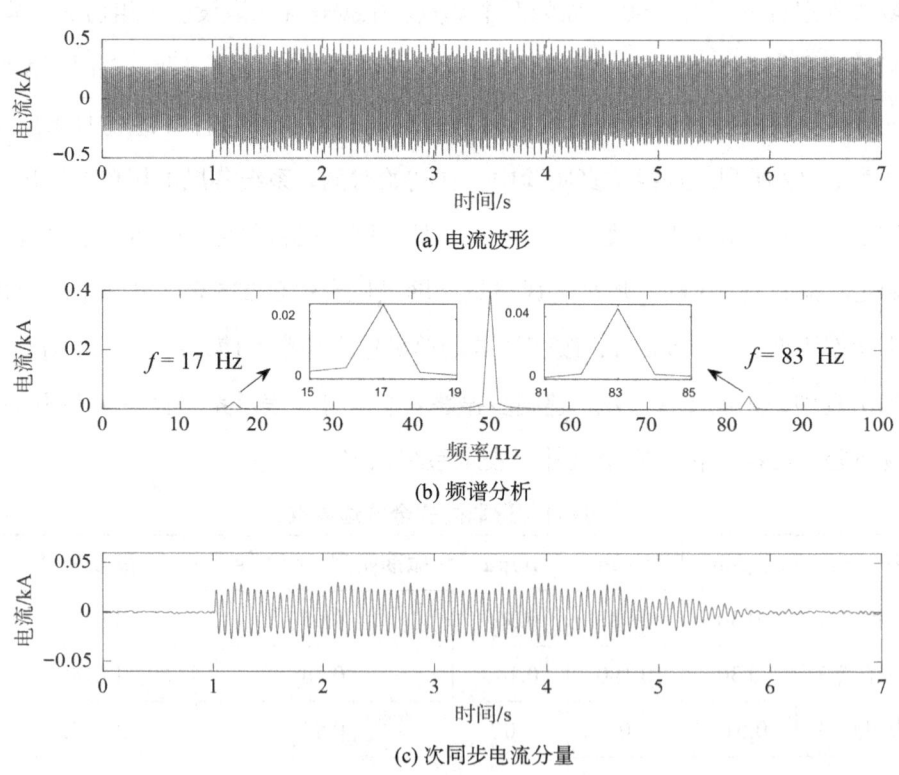

(a) 电流波形

(b) 频谱分析

(c) 次同步电流分量

图 5-25 风电场 2 端口电流曲线

第 5 章 大规模风电并网系统的应用算例

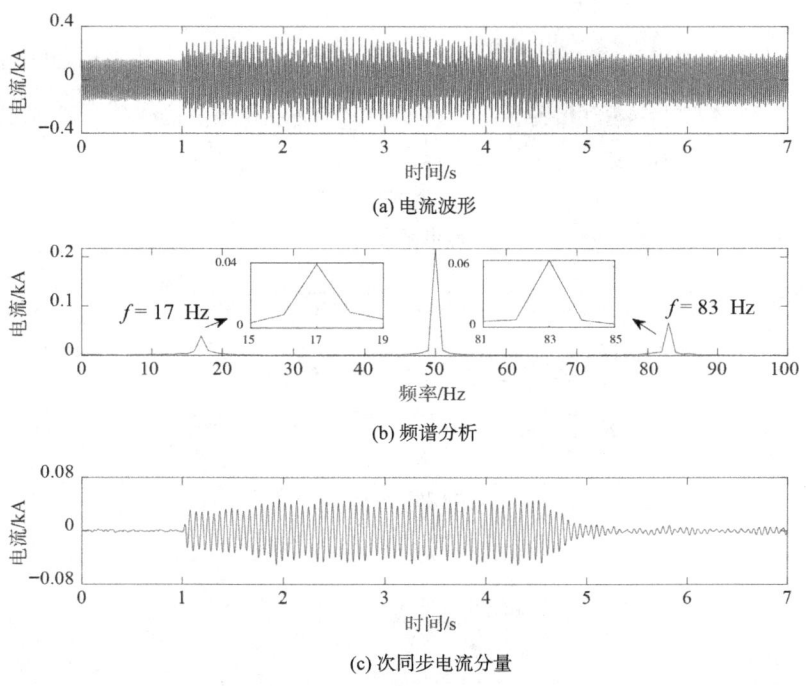

图 5-26 风电场 3 端口电流曲线

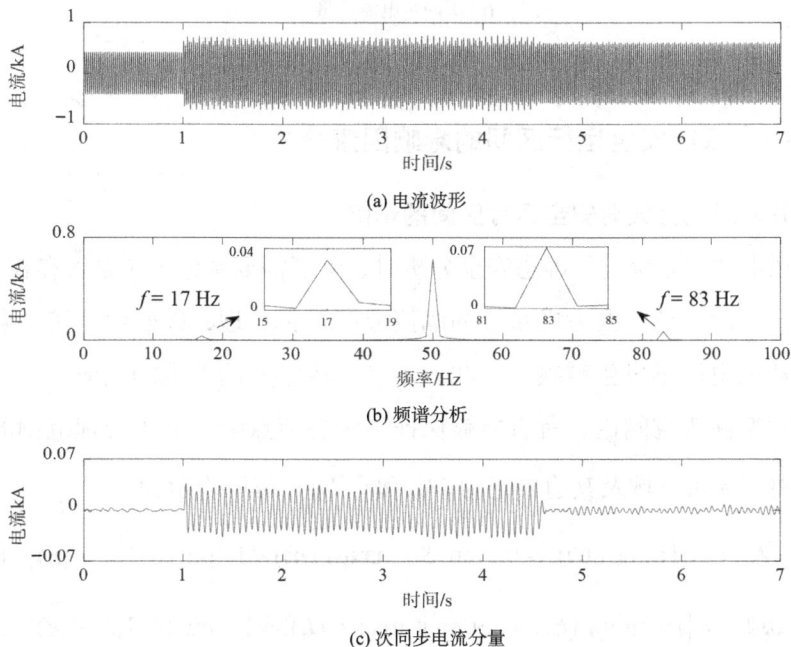

图 5-27 风电场 1 端口电流曲线

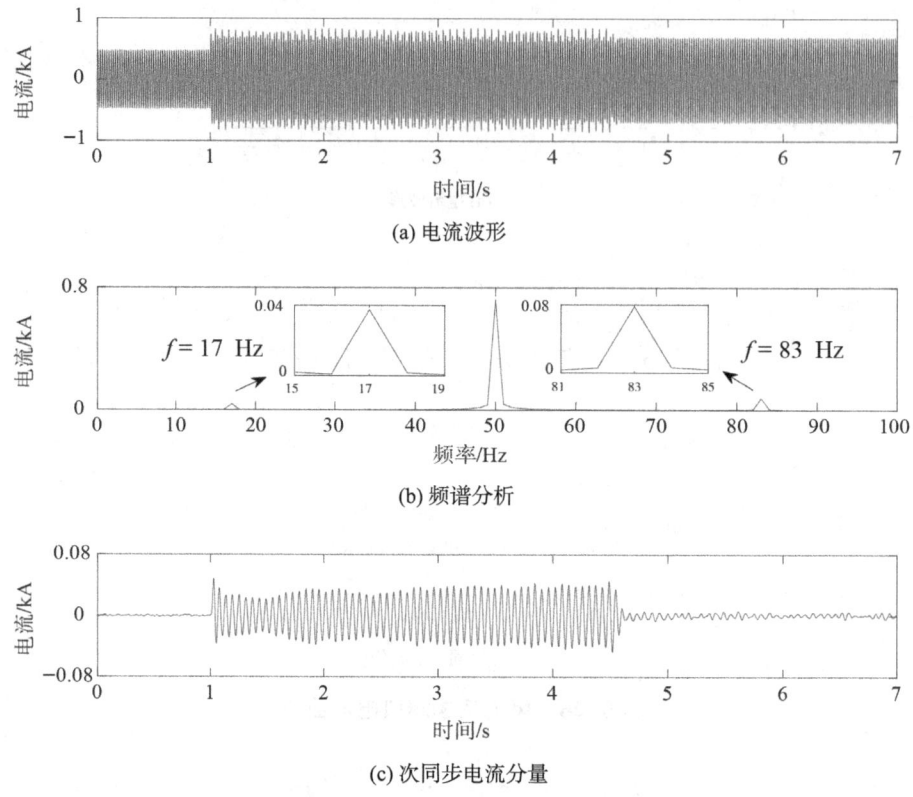

图 5-28 风电场 2 端口电流曲线

5.3.3 系统安全运行区间的影响因素分析

1. 并网风机台数对安全运行区间的影响

对风电并网系统进行静态安全分析时，除了需要考虑系统是否存在次/超同步振荡风险，还需要考虑系统的潮流分布是否合理，以确保系统中各设备运行参数和电压不发生越线。为此，定义了风电并网系统的潮流可行域，它是指在功率注入空间内，所有能够保证系统各节点电压处于合理范围的工况集合，将潮流可行域及其边界记为 Ω_{PR} 和 $\partial\Omega_{PR}$，可以表示为

$$\Omega_{PR} = \{\boldsymbol{h} \mid \min(u_i(\boldsymbol{h})) > 0.9\,\text{pu} \ \&\ \max(u_i(\boldsymbol{h})) < 1.1\,\text{pu} \ (i=1,2,\cdots,n)\} \quad (5-8)$$

$$\partial\Omega_{PR} = \{\boldsymbol{h} \mid \min(u_i(\boldsymbol{h})) = 0.9\,\text{pu} \ \|\ \max(u_i(\boldsymbol{h})) = 1.1\,\text{pu} \ (i=1,2,\cdots,n)\} \quad (5-9)$$

其中 $u_i(\boldsymbol{h})$ 为节点 i 的节点电压，n 为系统总节点数，$\boldsymbol{h}$ 代表系统的工况。

风电并网系统安全运行区间即为潮流可行域与次/超同步振荡安全域的交集，记作 Ω_{PR}，可以表示为

$$\Omega_{SSR} = \Omega_{SR} \bigcap \Omega_{PR} \quad (5-10)$$

采用遍历查找法的思路，查找系统的潮流可行域边界，设置查找和遍历步长均为 0.01 pu，系统的潮流可行域边界如图 5-29 所示，潮流可行域边界与注入空间（p_1=0，p_2=0 和 p_3=0）围成的区域为潮流可行域。同时在图中画出系统次/超同步振荡安全域边界，其中次/超同步振荡安全域边界超出注入空间的部分用注入空间平面表示。次/超同步振荡安全域边界与注入空间围成的区域为次/超同步振荡安全域。

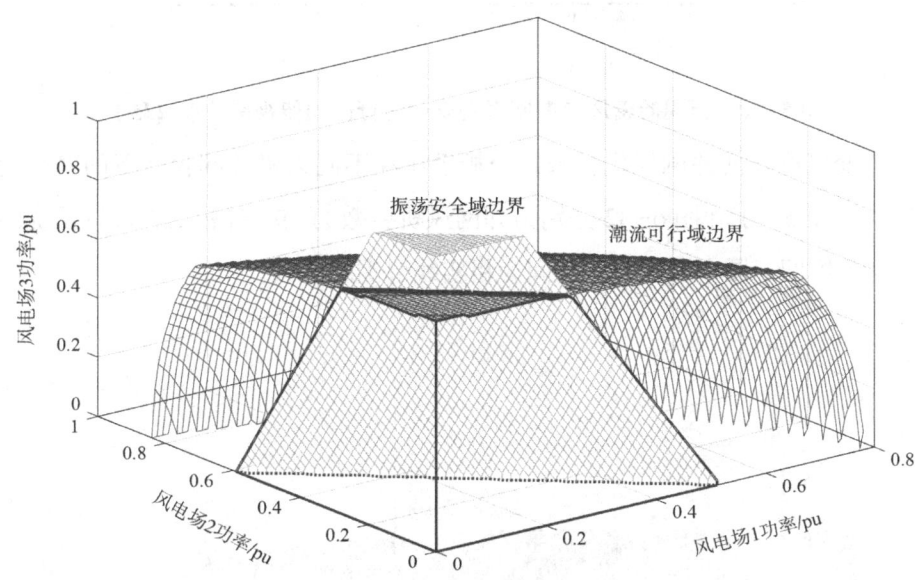

图 5-29　新疆哈密风电并网系统安全运行区间（N=225）

在得到次/超同步振荡安全域和潮流可行域后，两者的交集即为系统的安全运行区间。如图 5-29 所示，安全运行区间由 5 个面构成，图中粗实线包围的区域，位于 5 个面内的点即为满足系统静态安全运行的工况。为了方便观察安全运行区间的构成，安全运行区间的俯视图如图 5-30 所示，图中分别标出了潮流可行域和次/超同步振荡安全域边界。

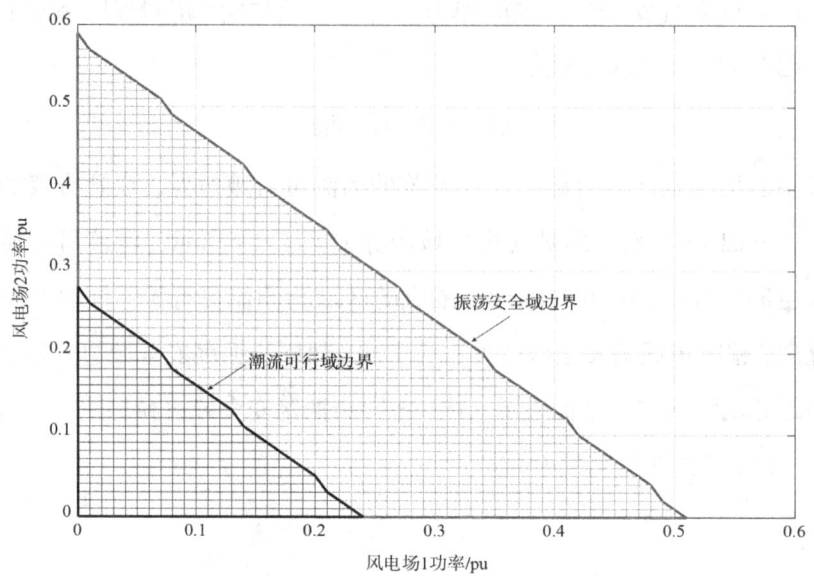

图 5-30　新疆哈密风电并网系统安全运行区间俯视图（$N=225$）

改变风电场的并网风机台数，分析系统在不同风机并网台数下的安全运行区间。图 5-31 和图 5-32 分别为并网风机台数为 195 台和 235 台时系统的安全运行区间，图中安全运行区间为粗实线包围的区域。

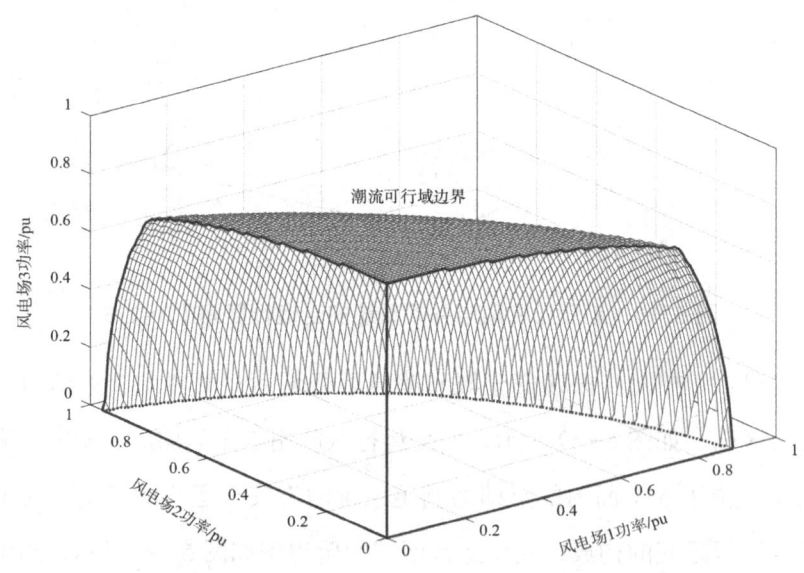

图 5-31　新疆哈密风电并网系统安全运行区间（$N=195$）

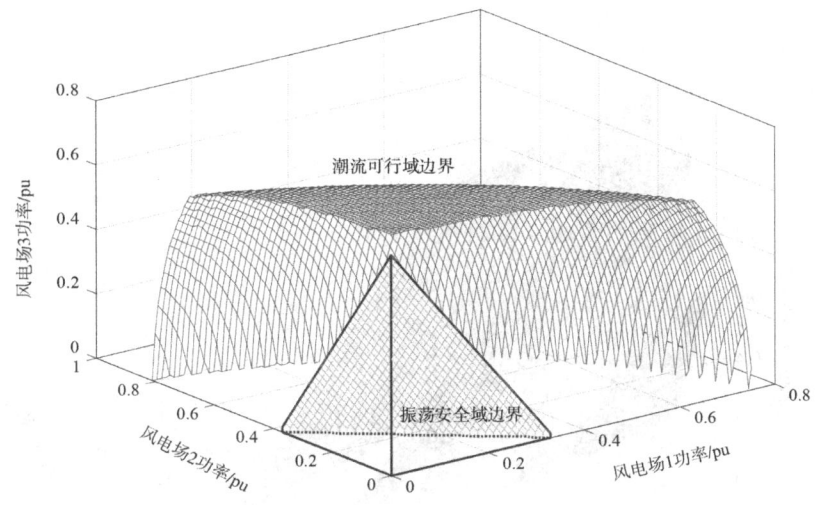

图 5-32　新疆哈密风电并网系统安全运行区间（$N=235$）

由图 5-29～图 5-32 可以发现：

① 当并网风机台数较低时（小于 195 台），处于潮流可行域的点均满足次/超同步振荡稳定的条件，因此此时仅需考虑潮流可行域的约束；当并网风机台数较高时（大于 235 台），系统的次/超同步振荡安全域完全位于潮流可行域之内，因此仅需考虑振荡安全域的约束。

② 当并网风机台数位于两者之间时，安全运行区间为潮流可行域与振荡安全域的交集。由图 5-30 可以看出，当风电场 1 和风电场 2 的单机输出功率较小时，随着风电场 3 的单机输出功率的增大，系统首先遇到潮流不可行的情况，因此系统此时主要受到潮流可行域约束；而当风电场 1 和风电场 2 的单机输出功率增大时，随着风电场 3 的单机输出功率的增大，系统首先出现次/超同步振荡现象，因此此时仅需考虑次/超同步振荡安全域约束。

2. 并网风机台数对次/超同步振荡安全域的影响

根据上述分析，不同并网风机台数下，系统安全运行区间的构成会发生变化，下面进一步研究并网风机台数对系统次/超同步振荡安全域的影响。同样以新疆哈密风电并网系统为例，任意选取几组风电场并网风机台数，采取预测-校正法搜索系统的次/超同步振荡安全域边界点，并采用超平面对安全域边界点进行拟合，各组的拟合平面如图 5-33 所示。

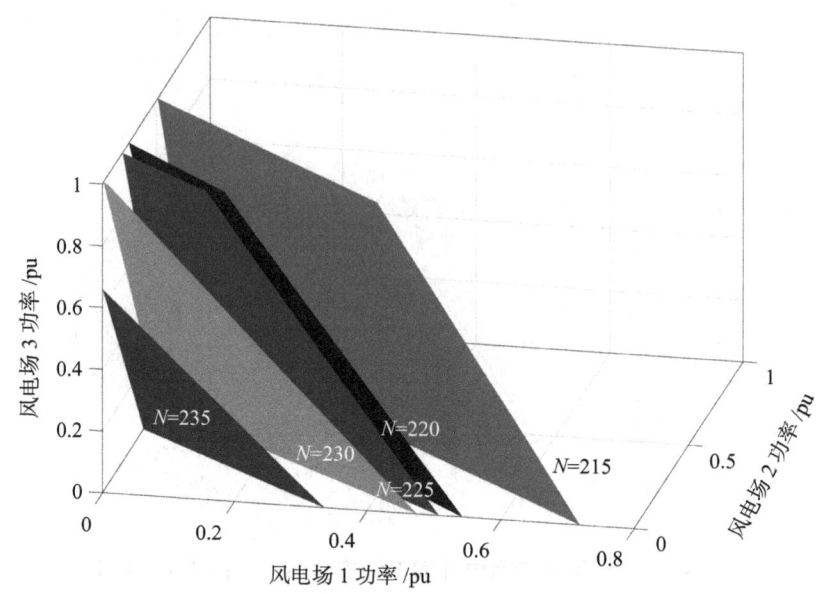

图 5-33　不同并网风机台数下的安全域边界拟合平面

不同并网风机台数下安全域边界的超平面方程系数如表 5-13 所列，其中 $\alpha_i(i=1, 2, 3)$ 代表各个聚合风电场单台机组输出功率的系数。表中同时列出了安全域边界点的最大拟合误差以及将次/超同步振荡稳定作为约束条件的风电场最大输出功率。

表 5-13　不同并网风机台数下安全域边界超平面拟合的系数

并网风机台数	α_1	α_2	α_3	最大拟合误差 /%
215	1.391	1.128	0.422	3.23
220	1.841	1.393	0.660	2.33
225	1.968	1.686	0.690	1.77
230	2.103	1.911	0.984	3.62
235	2.971	2.632	1.519	3.74

由图 5-33 和表 5-13 可以发现：

① 安全域边界超平面方程的系数随着并网风机台数增加而增大，意味着次/超同步振荡安全域的空间变小，次/超同步振荡风险变大。

② 在任一并网风机台数下，风电场 1 的单台机组输出功率系数都是最大

的，表示风电场 1 的单机输出功率对系统次/超同步振荡阻尼的灵敏度最高，风电场 2 次之，风电场 3 最小。

③ 在不同并网风机台数下，采用超平面对边界点进行拟合的拟合误差均较小，符合工程应用要求。

5.3.4 风电并风系统次/超同步振荡概率稳定评估

1. 风速分布参数对次/超同步振荡概率稳定的影响

假设 3 个风电场的风速服从相同的 Weibull 分布，为了分析风速分布参数对次/超同步振荡稳定性的影响，设置不同的尺度参数 c 和形状参数 k，如表 5-14 所列，各组风速的概率分布曲线如图 5-34 所示。

表 5-14 不同分布参数下的概率稳定系数

并网风机台数	Case1 (c=4, k=2)	Case2 (c=5, k=2)	Case3 (c=6, k=2)	Case4 (c=5, k=4)	Case5 (c=5, k=6)
215	97.58	90.52	80.74	97.50	99.77
220	92.32	77.42	61.83	83.25	88.95
225	88.30	69.23	54.63	74.79	77.92
230	83.91	62.70	48.56	61.37	59.81
235	67.14	43.37	28.65	32.24	22.85

若先不考虑风速的相关性，并假设各风电场风速相互独立，根据 4.3.2 节所提方法，在不同分布参数下对系统进行概率稳定评估，结果如表 5-14 所列，以及如图 5-35 和图 5-36 所示，从中可以得到如下结论：

① 随着并网风机台数的增加，系统的概率稳定指标 r 降低，特别是当并网风机台数超过一定数量时（230 台），r 下降速度明显增大，说明此时并网风机数量的增加对振荡稳定性的影响较大。

② Weibull 分布的尺度参数 c 越大，平均风速越高，在不同的并网风机台数下，系统的概率稳定指标 r 均越低。

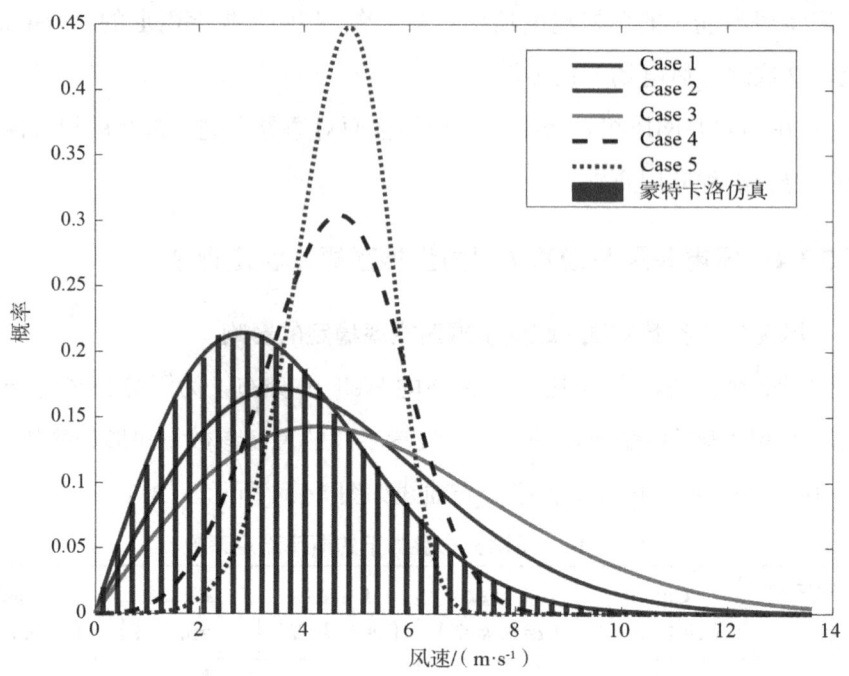

图 5-34 风速的概率分布及蒙特卡洛仿真

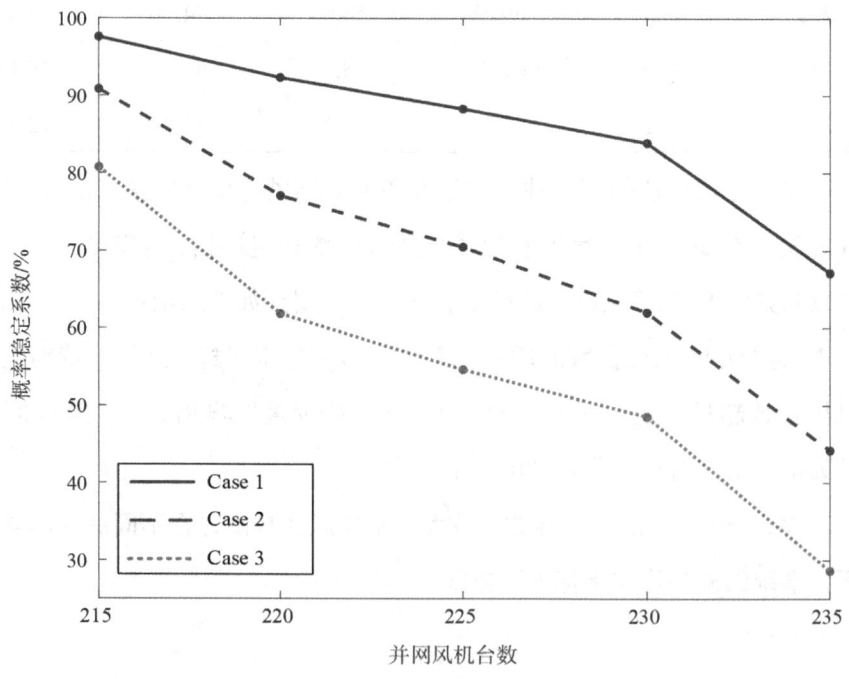

图 5-35 不同尺度参数下的概率稳定系数

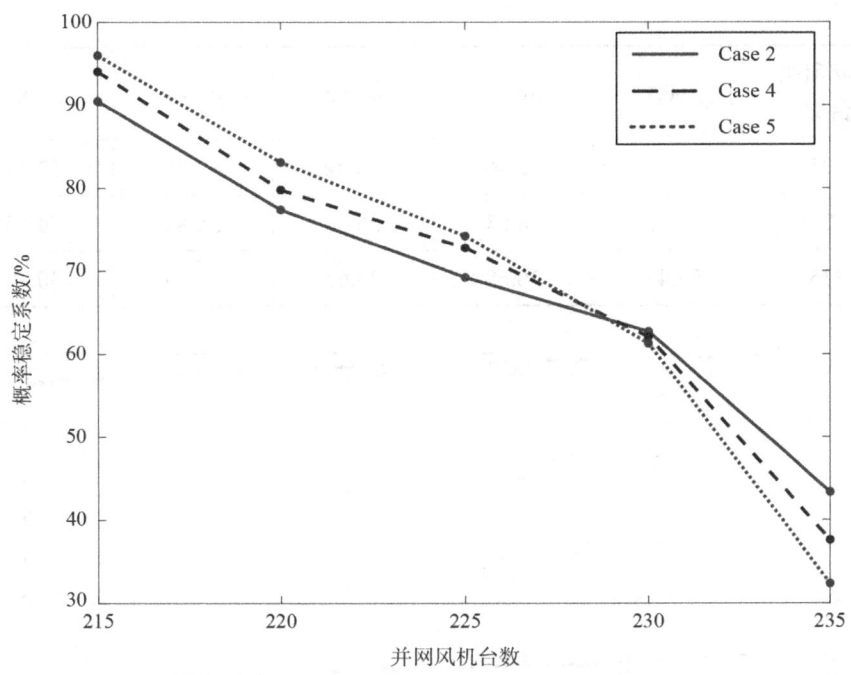

图 5-36 不同形状参数下的概率稳定系数

③ Weibull 分布的形状参数 k 越大，风速分布越集中，当并网风机台数小于 230 台时，风速集中区域大多为稳定工况，因此 k 越大，r 越大；而当并网风机台数大于 230 台时，风速集中区域存在较多不稳定工况，因此 k 越大，r 越小。

2. 风速相关性对次／超同步振荡概率稳定性的影响

为了分析风速相关性对次／超同步振荡概率稳定性的影响，计算了目标系统在不同秩相关系数下的概率稳定系数。为了便于分析，这里假设不同风电场风速间的秩相关系数相同。由于篇幅限制，只列出了表 5-14 中 case5 的计算结果，如表 5-15 所列及如图 5-37 所示。

表 5-15 不同秩相关系数下的概率稳定系数

并网风机台数	$\rho=0.1$	$\rho=0.3$	$\rho=0.5$	$\rho=0.7$	$\rho=0.9$
215	99.67	99.11	98.14	97.54	96.27
220	87.72	83.53	81.40	79.85	78.13

续表

并网风机台数	$\rho=0.1$	$\rho=0.3$	$\rho=0.5$	$\rho=0.7$	$\rho=0.9$
225	75.31	72.36	70.02	67.85	67.49
230	59.56	58.03	56.66	55.82	54.50
235	24.47	26.68	28.62	31.13	30.70

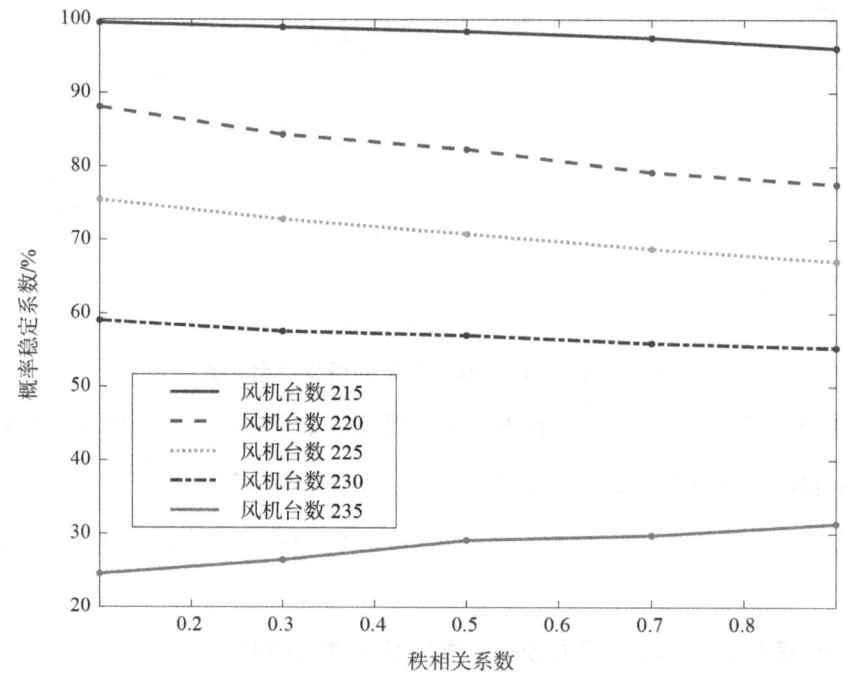

图 5-37 不同秩相关系数下的概率稳定指标

由表 5-15 和图 5-37 可以看出，风速相关性对次/超同步振荡概率稳定性的影响不是单调的。当系统概率稳定系数 r 较高时，r 随着风速相关性的增加而下降（图 5-37 中风机台数为 215、220、225、230 时）；而当概率稳定系数 r 较低时，r 随着风速相关性的增加反而下降（图 5-37 中风机台数为 235 时）。这是由于系统概率稳定系数较高时，大部分工况处于安全域内，风速相关性较高意味着各风电场风速均较高的概率将增大，因此概率稳定系数会下降；而当系统概率稳定系数较低时，大部分工况处于安全域外，风速相关性较高意味着各风电场风速均较低的概率将增大，因此概率稳定系数会上升。

3. 与传统逐点法比较

为了验证本书所提基于安全域的概率稳定评估方法的有效性，在相同计算条件下，采用传统逐点法对系统进行概率稳定评估。通过对抽样得到的所有系统运行状态依次进行潮流计算与振荡稳定性分析，来判断系统当下的稳定性，从而得到概率稳定指标。以表5-14中Case2的风速概率分布模型为例，计算结果如表5-16所列。可以看出，两种方法得到的概率稳定指标基本一致，误差在1.5%以内。

表 5-16 两种方法有效性的比较

并网风机台数	概率稳定系数 /%			计算时间 /s		
	安全域法	逐点法	误差	安全域法	逐点法	效率比
215	90.52	90.95	0.43	14.03	441.3	31.4
220	77.42	78.76	1.34	15.97	434.0	27.2
225	69.23	69.76	0.53	16.04	445.3	27.8
230	62.70	61.77	0.93	16.56	450.2	27.2
235	43.37	42.41	0.96	18.88	445.6	23.6

进一步比较两种方法的计算效率，效率比为计算耗时的反比。由表5-16可以看出，相比于传统的逐点法，在不同的并网风机台数下，本书所提安全域法的计算效率均提升了20倍以上，由此说明了所提方法的有效性。

5.4 本章小结

本章介绍了开发的电力系统次/超同步振荡稳定性分析软件，并运用软件分析了某实际大规模风电并网系统的次/超同步振荡现象，所得结果均通过了电磁暂态仿真验证。总结如下：

① 在系统建模方面，采用外特性辨识方法获取风电机组等设备的频率耦合阻抗，克服了"黑/灰箱"化设备建模难题，构造了风电机组的全工况阻抗

模型，使分析系统的全工况稳定性成为可能。在得到各设备阻抗后，建立了系统的阻抗网络模型，形成了网络的节点导纳矩阵，为后续振荡特性分析奠定模型基础。

② 在振荡稳定性分析方面，通过聚合阻抗频率特性曲线的过零点定位系统的次/超同步振荡模式，获得振荡模式的阻尼和频率，避免了求解高阶多项式带来的巨大计算量。

③ 在振荡安全域分析方面，采用预测-校正技术搜索安全域边界点，与传统的遍历查找法相比，计算效率提高了10倍以上，并进一步采用超平面对边界点进行了拟合，获得了工程实用的次/超同步振荡安全域。

综上，软件功能完备，计算高效，适用于大规模复杂风电并网系统，为系统的次/超同步振荡防控和安全稳定运行提供了有力支撑。

第6章 结论与展望

本书针对大规模风电并网系统的新型次/超同步振荡问题,从系统级建模、振荡稳定性分析、振荡安全域分析3个方面开展了系统性研究。同时,根据所提建模和分析方法,开发了一套通用的次/超同步振荡稳定性分析软件,软件已用于某实际大规模风电并网系统,分析结果得到了电磁暂态仿真验证,为系统的安全稳定运行提供了有力支撑。本书的主要成果和创新点如下:

1)提出了刻画大规模风电并网系统次/超同步动态的阻抗网络模型。 该模型能够反映系统的复杂网络结构及其内部动态,为准确评估系统的次/超同步振荡特性奠定了模型基础。

① 根据KCL/KVL,将各设备阻抗互联形成阻抗网络模型,通过节点导纳矩阵和回路阻抗矩阵量化网络的输入输出关系。模型构造灵活,可高效重构,且易于扩展,克服了风电并网系统由于拓扑变化频繁、多尺度耦合等特点给系统建模带来的不便。

② 阻抗网络模型保留了系统的完整拓扑信息,从而使分析振荡的空间分布和设备间的相互作用成为可能。特别地,当仅需评估系统的振荡稳定性时,可以进一步将高维阻抗网络在网络某端口处简化成一个聚合阻抗(导纳),利用聚合阻抗(导纳)高效判稳。

2)提出了可以量化振荡空间分布特征和设备间相互作用的频域模式分析方法。 该方法能够获取关于振荡模式的丰富信息,为系统的动态监测和振荡防控工作提供了有力依据。

① 通过求解s域节点导纳矩阵或回路阻抗矩阵的行列式零点获得系统的振荡模式,当系统维数较高时,可以采取频率分段技术有效减低模型阶数,避免"维数灾"问题。特别地,当仅需关注系统主导振荡模式时,可以直接

通过频率特性曲线的过零点或者幅频响应曲线的峰值点定位所关注模式，提高计算效率。

② 建立了参与因子、可观度、灵敏度等频域量化指标，用于确定振荡的影响区域和中心位置、反映振荡电流的空间分布特征以及定位引发振荡的关键设备，克服了传统频域分析方法只能定性评估系统振荡风险的不足，相比于时域特征值分析，获取的信息更加直观，方便实际工程应用。

③ 基于节点 / 支路可观度矩阵，提出阻抗网络模型的聚合判据和聚合指标，为网络聚合端口的选择提供理论依据。根据节点可观度和可控度构建次同步相量测量装置的优化配置模型，获得经济可行的装置配置方案。

3）提出了基于聚合阻抗模型和预测 – 校正技术的风电次 / 超同步振荡安全域构建方法。在确保安全域精度的条件下，显著提高安全域构建效率，为系统的安全稳定运行和运行方式优化提供重要指导。

① 在风电场功率注入空间中给出了风电并网系统次 / 超同步振荡安全域的定义，空间中的每个点代表系统的一个运行工况，从而直观地评估系统在不同工况下的振荡稳定性和安全裕度，避免了以往参数稳定域基于特定工作点构建时，稳定域会随系统运行工况改变而变化，从而难以指导系统运行的问题。

② 提出了基于预测 – 校正技术的安全域边界搜索方法，与传统的遍历查找法相比，搜索效率提高了 10 倍以上。采用超平面对安全域边界点进行拟合，满足工程实用要求。进一步，根据工作点到安全域边界的距离衡量系统当前的安全裕度，并将边界表达式作为次 / 超同步振荡稳定约束引入系统优化问题中，获得系统的最优控制信息。

③ 结合潮流可行域和次 / 超同步振荡安全域，得到了风电并网系统的安全运行区间，研究了并网风机台数等关键参数对系统安全运行和风电次 / 超同步振荡稳定性的影响规律，弥补了以往影响因素分析基于某个特定工作点开展而难以得出全面结论的缺憾。

随着"碳中和"战略推进，可再生能源渗透率持续提升，本书所提分析方法除了用于研究大规模风电并网系统的次 / 超同步振荡问题外，还可进一步推广应用于光伏/储能并网系统以及柔性交/直流输电系统等多种场景。另外，随着大规模可再生能源和大量电力电子设备的接入，系统振荡呈现明显的宽频带特征，因此，需要根据不同频段的振荡特征，建立可以描述不同频段动态的系统模型，深入分析系统的各频段振荡稳定性，这也是后续工作开展的重点。

参考文献

[1] REN21. Renewables 2020 global status report[R]. Paris: REN21, 2020.

[2] Renewable capacity highlights (March 31, 2020) [EB/OL]. [2021-02-17]. https://www.irena.org/-/media/Files/IRENA/Agency/Publication/2020/Mar/IRENA_RE_Capacity_Highlights_2020.pdf.

[3] 国家能源局. 2022年一季度网上新闻发布会文字实录 [EB/OL]. [2022-01-28]. http://www.nea.gov.cn/2022-01/28/c_1310445390.htm.

[4] 国家能源局. 关于2021年风电、光伏发电开发建设有关事项的通知（征求意见稿）[EB/OL]. [2021-04-19]. http://www.nea.gov.cn/2021-04/19/c_139890241.htm.

[5] 康重庆, 姚良忠. 高比例可再生能源电力系统的关键科学问题与理论研究框架 [J]. 电力系统自动化, 2017, 41(9):1-11.

[6] 陈国平, 李明节, 许涛, 等. 关于新能源发展的技术瓶颈研究 [J]. 中国电机工程学报, 2017, 37(1):20-27.

[7] 周孝信, 陈树勇, 鲁宗相, 等. 能源转型中我国新一代电力系统的技术特征 [J]. 中国电机工程学报, 2018, 38(7):1893-1904.

[8] 李明节. 大规模特高压交直流混联电网特性分析与运行控制 [J]. 电网技术, 2016, 40(4):985-991.

[9] 南方电网超高压输电公司. 高压直流输电工程运行技术研究专题报告 [R]. 广州：南方电网, 2019.

[10] 李明节, 于钊, 许涛, 等. 新能源并网系统引发的复杂振荡问题及其对策研究 [J]. 电网技术, 2017, 41(4):1035-1042.

[11] 袁小明, 程时杰, 胡家兵. 电力电子化电力系统多尺度电压功角动态稳定问题 [J]. 中国电机工程学报, 2016, 36(19):5145-5154.

[12] ADAMS J, CARTER C, HUANG S. ERCOT experience with sub-synchronous control interaction and proposed remediation[C]. IEEE PES Transmission and

Distribution Conference and Exposition, Orlando, 2012:1-5.

[13] WANG L, XIE X, JIANG Q, et al. Investigation of SSR in practical DFIG-based wind farms connected to a series-compensated power system[J]. IEEE Trans. on Power Systems, 2015, 30(5):2772-2779.

[14] 谢小荣, 刘华坤. 风电并网系统次/超同步振荡的分析与控制. 北京：科学出版社，2022.

[15] JAN S, XIE X, WANG L, et al. Overview of emerging subsynchronous oscillations in practical wind power systems[J]. Renewable and Sustainable Energy Reviews, 2019, 99:159-168.

[16] 谢小荣, 王路平, 贺静波, 等. 电力系统次同步谐振/振荡的形态分析[J]. 电网技术, 2017, 41(4):1043-1049.

[17] 谢小荣, 刘华坤, 贺静波, 等. 电力系统新型振荡问题浅析[J]. 中国电机工程学报, 2018, 38(10):2821-2828; 3133.

[18] PENG Z, XU P, BI T. Analysis of subsynchronous current propagation path of subsynchronous oscillation induced by renewable energy integrated to the power grid[J]. Journal of Engineering, 2017, 1(1).

[19] KUNDVR P. Power system stability and control[M]. New York: McGraw-Hill, Inc. 1993.

[20] 谢小荣, 贺静波, 毛航银, 等. "双高"电力系统稳定性的新问题及分类探讨[J]. 中国电机工程学报, 2021, 41(2):461-475.

[21] BROGAN, WILLIAM L. Modern control theory[M]. Englewood Cliffs, N. J.: Prentice-Hall, 1985.

[22] FAN L, KAVASSERI R, MIAO Z, et al. Modeling of DFlG-based wind farms for SSR analysis[J]. IEEE Trans. on Power Delivery, 2010, 25(4): 2073-2082.

[23] 韩应生, 孙海顺, 穆清, 等. 一种基于元件离散模型的系统状态空间构成新方法[J]. 中国电机工程学报, 2020, 40(20):6569-6578.

[24] DIMITROVSKI R., DOLDERER A, MEHLMANN G, et al. Analyzing subsynchronous resonance using component connection method[C]. IEEE Power & Energy Society General Meeting, Portland, 2018:1-5.

[25] WANG Y, WANG X, BLAABJERG F, et al. Small-signal stability analysis of inverter-fed power systems using component connection method[J]. IEEE Trans. on Smart Grid, 2018, 9(5):5301-5310.

[26] VIETO I, SUN J. Small-signal impedance modelling of Type-III wind turbine[C]. IEEE PES General Meeting, 2015:1-5.

[27] Sun J. Impedance-based stability criterion for grid-connected inverters[J]. IEEE Trans. on Power Electronics, 2011, 26:3075-3078.

[28] ZHANG C, CAI X, MOLINAS M, et al. On the impedance modeling and equivalence of ac/dc side stability analysis of a grid-tied type-iv wind turbine system[J]. IEEE Trans. on Energy Conversion, 2018, 33(2):741-749.

[29] LIU H, XIE X, LI Y, et al. A small-signal impedance method for analyzing the SSR of series-compensated DFIG-based wind farms[C]. IEEE Power & Energy Society General Meeting, 2015:1-5.

[30] FAN L, ZHU C, MIAO Z, et al. Modal analysis of a DFIG-based wind farm interfaced with a series compensated network[J]. IEEE Trans. on Energy Conversion, 2011, 26(4):1010-1020.

[31] MOHARANA A, VARMA R K, SEETHAPATHY R. Modal analysis of Type-1 wind farm connected to series compensated transmission line and LCC HVDC transmission line[C]. IEEE Electrical Power and Energy Conference, London, Canada, 2012:202-209.

[32] HUANG B, SUN H, LIU Y, et al. Study on subsynchronous oscillation in D-PMSGs based wind farm integrated to power system[J]. IET Renewable Power Generation, 2018, 13(1):16-26.

[33] HAMDAN A M A, JARADAT A M. Modal controllability and observability of linear models of power systems revisited[J]. Arabian Journal for Science and Engineering, 2014, 39(2):1061-1066.

[34] HAMDAN A M A, ELABDALLA A M. Geometric measures of modal controllability and observability of power system models[J]. Electric Power Systems Research, 1988, 15(2):147-155.

[35] GHOFRANI M, ARABALI A, ETEZADI-AMOLI M. Modeling and simulation

of a DFIG-based wind-power system for stability analysis[C]. IEEE Power and Energy Society General Meeting, San Diego, USA, 2012: 1-8.

[36] ZHU C, HU M, WU Z. Parameters impact on the performance of a double-fed induction generator-based wind turbine for subsynchronous resonance control[J]. IET Renewable Power Generation, 2012, 6(2):92-98.

[37] WU M, XIE L, CHENG L, et al. A study on the impact of wind farm spatial distribution on power system sub-synchronous oscillations[J]. IEEE Trans. on Power Systems, 2016, 31(3):2154-2162.

[38] JOHANSSON N, ANGQUIST L, NEE H P. A comparison of different frequency scanning methods for study of subsynchronous resonance. IEEE Trans. on Power Systems[J], 2011, 26(1): 356-363.

[39] GUPTA S, MOHARANA A, VARMA R K. Frequency scanning study of sub-synchronous resonance in power system[C]. IEEE Canadian Conference on Electrical and Computer Engineering, Regina, Canada, 2013:1-6.

[40] CHENG Y, SAHNI M, MUTHUMUNI D, et al. Reactance scan crossover-based approach for investigating SSCI concerns for DFIG-based wind turbines[J]. IEEE Trans. on Power Delivery, 2013, 28(2):742-751.

[41] XU W, HUANG Z, CUI Y, et al. Harmonic resonance mode analysis[J]. IEEE Trans. on Power DeLivery, 2005, 20(2):1182-1190.

[42] 仰彩霞, 刘开培, 王东旭. 基于回路模态分析法的串联谐波谐振评估[J]. 高电压技术, 2008, 34(11):2459-2462.

[43] SANCHA J L, PEREZ-ARRIAGA I J. Selective modal analysis of power system oscillatory instability[J]. IEEE Trans. on Power Systems, 1988, 3(2):429-438.

[44] MIAO Z. Impedance-model-based SSR analysis for type 3 wind generator and seriescompensated network[J]. IEEE Trans. on Energy Conversion, 2012, 27(4):984-991.

[45] XIA Y, WEI W, YU M, et al. Stability analysis of PV generators with consideration of P&O-based power control[J]. IEEE Trans. on Industrial Electronics, 2019, 66(8):6483-6492.

[46] WEN B, BOROYEVICH D, BURGOS R, et al. Analysis of D-Q small-signal impedance of grid-tied inverter[J]. IEEE Trans. on Power Electronics, 2016, 31(1):675-687.

[47] OSTADI A, YAZDANI A, VARMA R K. Modeling and stability analysis of a DFIG-based wind-power generator interfaced with a series-compensated Line[J]. IEEE Trans. on Power Delivery, 2010, 25(4):2073-2082.

[48] ROINILA T, MESSO T, SANTI E. MIMO-identification techniques for rapid impedance-based stability assessment of three-phase systems in DQ domain[J]. IEEE Trans. on Power Electronics, 2018, 33(5):4015-4022.

[49] LYU J, CAI X, AMIN M, et al. Sub-synchronous oscillation mechanism and its suppression in MMC-based HVDC connected wind farms[J]. IET Generation, Transmission & Distribution, 2017, 12(4):1021-1029.

[50] 孙华东，方诗卉，徐式蕴，等．基于 Nyquist 阵列理论的风电并网系统小扰动稳定分析及控制 [J]．中国电机工程学报，2020, 40(10):3124-3134.

[51] LIU H, XIE X, LIU W. An oscillatory stability criterion based on the unified dq-frame impedance network model for power systems with high-penetration renewables[J]. IEEE Trans. on Power Systems, 2018, 33(3):3472-3485.

[52] LIU H, XIE X, GAO X, et al. Stability analysis of SSR in multiple wind farms connected to series-compensated systems using impedance network model[J]. IEEE Trans. on Power Systems, 2018, 33(3): 3118-3128.

[53] LI H, WANG S, LV J, et al. Stability analysis of the shunt regulator with nonlinear controller in PCU based on describing function method[J]. IEEE Trans. on Industrial Electronics, 2017, 64(3):2044-2053.

[54] 夏杨红，孙勇，韦巍．光伏接入直流配电网时的功率振荡分析 [J]．中国电机工程学报，2018, 38(23): 6814-6824; 7116.

[55] XIN H, HUANG L, ZHANG L, et al. Synchronous iInstability mechanism of P-f droop-controlled voltage source converter caused by current saturation[J]. IEEE Trans. on Power Systems, 2016, 31(6):5206-5207.

[56] SHAH S, PARSA L. Impedance-based prediction of distortions generated by resonance in grid-connected converters[J]. IEEE Trans. on Energy Conversion,

2019, 34(3):1264-1275.

[57] 余贻鑫. 电力系统安全域方法研究述评 [J]. 天津大学学报：自然科学与工程技术版, 2008, 41(6):635-646.

[58] 余晓丹, 韩瀛, 贾宏杰. 电力系统扩展小扰动稳定域及其研究 [J]. 中国电机工程学报, 2006, 26(21):22-28.

[59] 孙强, 余贻鑫, 李鹏, 等. 与主导振荡模式有关的小扰动稳定域边界拓扑性质 [J]. 电力系统自动化, 2007, 31(15): 6-10.

[60] 李水天, 林涛, 盛逸标, 等. 面向次/超同步振荡的控制器参数稳定域构建[J]. 中国电机工程学报, 2020, 40(22):7221-7230.

[61] BOYLESTAD R L. Introductory circuit analysis[M]. Columbus, USA: Pearson Prentice Hall, 2015.

[62] WEN B, BOROYEVICH D, BURGOS R, et al. Analysis of D-Q Small-Signal Impedance of Grid-Tied Inverters[J]. IEEE Trans. on Power Electronics, 2016, 31(1):675-687.

[63] LIU H, XIE X, ZHANG C, et al. Quantitative SSR analysis of series-compensated DFIG-based wind farms using aggregated RLC circuit model[J]. IEEE Trans. on Power Systems, 2017, 32(1): 474-483.

[64] 吕敬, 蔡旭. 基于谐波线性化的模块化多电平换流器阻抗建模 [J]. 电力系统自动化, 2017, 41(4):136-142.

[65] AMICO G, EGEA-ALVAREZ A, Brogan P, et al. Small-signal converter admittance in the pn-frame: systematic derivation and analysis of the cross-coupling terms[J]. IEEE Trans. on Energy Conversion, 2019, 34(4):1829-1838.

[66] XU Y, NIAN H, WANG T, et al. Frequency coupling characteristic modeling and stability analysis of doubly fed induction generator[J]. IEEE Trans. on Energy Conversion, 2018, 33(3):1475-1486.

[67] NIAN H, CHEN L, XU Y, et al. Sequences domain impedance modeling of three-phase grid-connected converter using harmonic transfer matrices[J]. IEEE Trans. on Energy Conversion, 2018, 33(2):627-638.

[68] 武相强, 王赟程, 陈新, 等. 考虑频率耦合效应的三相并网逆变器序阻抗模型及其交互稳定性研究 [J]. 中国电机工程学报, 2020, 40(5):1605-1617.

[69] BAKHSHIZADEH M, WANG X, BLAABJERG, et al. Couplings in phase domain impedance modeling of grid-connected converters[J]. IEEE Trans. Power Electronics, 2016, 31(19):6792-6796.

[70] WANG X, HARNEFORS L, BLAABJERG F. Unified impedance model of grid-connected voltage-source converters[J]. IEEE Trans. on Power Electronics, 2018, 33(2):1775-1787.

[71] HARNEFORS L. Modeling of three-phase dynamic systems using complex transfer functions and transfer matrices[J]. IEEE Trans. on Industrial Electronics, 2017, 54(4):2239-2248.

[72] WEN B, BOROYEVICH D, BURGOS R, et al. Small-signal stability analysis of three-phase AC systems in the presence of constant power loads based on measured d-q frame impedances[J]. IEEE Trans. on Power Electronics, 2015, 30(10):5952-5963.

[73] 李光辉, 王伟胜, 刘纯, 等. 基于控制硬件在环的风电机组阻抗测量及影响因素分析 [J]. 电网技术, 2019, 43(5):1624-1631.

[74] 刘威, 谢小荣, 王衡, 等. 基于频率耦合阻抗模型的并网变流器全工况小信号稳定性分析 [J]. 中国电机工程学报, 2020, 40(22):7212-7221.

[75] 张伯明, 陈寿孙, 严正. 高等电力网络分析 [M]. 北京: 清华大学出版社, 2007: 5-17.

[76] XU Z, WANG S, XING F, et al. Study on the method for analyzing electric network resonance stability[J]. Energies, 2018, 11(3):1-13.

[77] SEMLYEN A I. s-domain methodology for assessing the small signal stability of complex systems in nonsinusoidal steady state[J]. IEEE Trans. on Power Systems, 1999, 14(1):132-137.

[78] GOMES S, MARTINS N, PORTELA C. Modal analysis applied to s-domain models of AC networks[C]. IEEE Power Engineering Society Winter Meeting, 2001:1305-1310.

[79] ASH R, ASH G. Numerical computation of root loci using the Newton-Raphson technique[J]. IEEE Trans. on Automactic Control, 1968, 13(5):576-582.

[80] SANCHA J L, PEREZ-ARRIAGA I J. Selective modal analysis of power system oscillatory instability[J]. IEEE Trans. on Power Systems, 1988, 3(2):429-438.

[81] ZHANG J, KAVCIC A, WONG K. Equal-diagonal QR decomposition and its application to precoder design for successive-cancellation detection[J]. IEEE Trans. on Information Theory, 2005, 51(1):154-172.

[82] YE J, LI Q, XIONG H, et al. IDR/QR: an incremental dimension reduction algorithm via QR decomposition[J]. IEEE Trans. on Knowledge. Data Engineering, 2005, 17(9):1208-1222.

[83] HÖLZEL M. Tridiagonal companion matrices and their use for computing orthogonal and nonorthogonal polynomial zeros[C]. Control and Automation Mediterranean Conference, 2017:364-369.

[84] CHOU S F, WANG X, BLAABJERG F. Frequency-domain modal analysis for power-electronic-based power systems[J]. IEEE Trans. on Power Electronics, 2021, 36(5):4910-4914.

[85] HONG L, SHU W, WANG J. Harmonic resonance investigation of a multi-inverter grid-connected system using resonance modal analysis[J]. IEEE Trans. on Power Delivery, 2019, 34(1):63-72.

[86] STRANG G. Introduction to linear algebra[M]. Boston, USA: Wellesley Cambridge Press, 2009.

[87] XIE X, ZHAN Y, LIU H, et al. Wide-area monitoring and early-warning of subsynchronous oscillation in power systems with high-penetration of renewables[J]. International Journal of Electrical Power & Energy Systems, 2019, 108:31-39.

[88] 王杨, 宋子宏, 占颖, 等. 风电并网系统次同步振荡监测装置优化配置方法 [J]. 电力系统自动化, 2021, 45(13):141-150.

[89] 余贻鑫, 刘艳丽, 秦超, 等. 与运行状态无关的电力系统安全域的理论和方法概述 [J]. Engineering, 2020, 6(7):754-777; 854-880.

[90] 刘华坤. 基于频域阻抗网络模型的风电次同步振荡分析与控制 [D]. 北京: 清华大学, 2018.

[91] 江伟, 王成山. 电力系统输电能力研究中 PV 曲线的求取 [J]. 电力系统自动化, 2001(2):9-12; 44.

[92] AJJARAPU V, CHRISTY C. The continuation power flow: a tool for steady state voltage stability analysis[J]. IEEE Trans. on Power Systems, 1992, 7(1):416-423.

[93] 周双喜, 冯治鸿, 杨宁. 大型电力系统 PV 曲线的求取 [J]. 电网技术, 1996, 8(20): 4-8.

[94] 陈宝林. 最优化理论与算法 [M]. 北京: 清华大学出版社, 2005: 254-265.

[95] 孙强. 电力系统小扰动稳定域及低频振荡 [D]. 天津: 天津大学, 2007.

[96] 王俊, 蔡兴国, 季峰. 基于 Copula 理论的相关随机变量模拟方法 [J]. 中国电机工程学报, 2013, 33 (22): 75-82; 13.